木木 编著

不争

人生至境

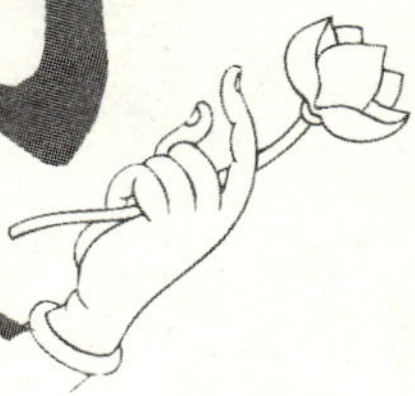

人生的美丽，不在于争，而在于守

中国華僑出版社

图书在版编目(CIP)数据

不争,人生至境 / 木木编著. —北京:
中国华侨出版社,2013.8

ISBN 978-7-5113-3822-8

Ⅰ.①不… Ⅱ.①木… Ⅲ.①人生哲学-通俗
读物 Ⅳ.①B821-49

中国版本图书馆 CIP 数据核字(2013)第 172038 号

不争,人生至境

编　　著 / 木　木
责任编辑 / 尹　影
责任校对 / 孙　丽
经　　销 / 新华书店
开　　本 / 870 毫米×1280 毫米　1/32　印张/7　字数/230 千字
印　　刷 / 北京建泰印刷有限公司
版　　次 / 2013 年 10 月第 1 版　2013 年 10 月第 1 次印刷
书　　号 / ISBN 978-7-5113-3822-8
定　　价 / 26.00 元

中国华侨出版社　北京市朝阳区静安里 26 号通成达大厦 3 层　邮编:100028
法律顾问:陈鹰律师事务所
编辑部:(010)64443056　　64443979
发行部:(010)64443051　　传真:(010)64439708
网址:www.oveaschin.com
E-mail:oveaschin@sina.com

前言

生活中，总有不断的是非纷争。一个人无论身处怎样的环境，或多或少都会被外界的因素干扰，卷入各种纷争。人一旦陷入是非恩怨的旋涡中，便很难自拔，也很难做到出淤泥而不染，体内的正能量也会逐渐被消磨殆尽。

生活中的智者不会因一时的冲动或愤怒，让自己陷入无休止的纷争中，而是会以柔克刚，提升自己的实力，用宽容博大的胸怀感化对手，以冷静睿智增强自身的感染力，让人内心激情澎湃，感觉上如沐春风。

这个世界不会厚此薄彼，没必要去争什么。少一点纷争，多一点笑脸；少一点纷争，多一点真诚；少一点纷争，多一点友情……不争，自得轻松。心胸开阔，看淡得失名利。

在人生的起伏中，不争就得自在。在强手如林的环境之中，要做到不与上级争锋，不与同级争宠，不与下级争功，同时，还要做到不与友人争辩，不与亲人争吵，不与路人争。忍一时风平浪静，退一步海阔天空。

在不争的同时，还要掌握“让”的艺术，“让”是一种内心的谦和与淡定。主动地“让”也是另一种形式的不争，它像水一样蕴藏着柔中带刚的力量，虽不动声色却缓缓推进，直至达成自己的目标。学会不争，不争意气、不争口舌、不争仨瓜俩枣的小利、不争虚浮荣宠。把精力放在有用的事情上，争机会、争发展，争取更为广阔的生存空间。

路径窄处，留一步与人行。身处喧嚣社会，如果每个人时时都精于算计，事事都锱铢必较，不给他人留半点儿余地，不甘心吃一丁点儿亏，那么人与人之间的交往必定出现紧张的局面。要学会人生不争的智慧，在不争中掌握进退之道，从而在前进的道路中审时度势、挥洒自如。你不争，便无人能与你争。人人不争，喧嚣人世，刹那间，便万噪俱寂，恬静出尘。

全书共两篇，上篇以“不争”为主题，旨在教你学会人生不争的智慧，在纷繁嘈杂的社会中能够轻松自如地驾驭自己的人生。下篇以“让”为主题，向读者全面地展示了“让”的人生哲理，以及如何在可敬的“让”中舍小我成大我，以退为进，全书结构严整、脉络分明、语言简洁、主旨明确，能让读者在轻松的阅读中掌握不争的处世哲学。

目录

老子说："夫唯不争，故天下莫能与之争。"唯有具备不争的处世态度，天下才会没有人能与之抗衡。这不是保守和退缩，争也是分层次、分境界的，如果只凭一时的热情和冲动，或恃才傲物、或毕露锋芒、或猛打硬拼，结果大多力不从心、铩羽而归。要想真正把事做好、把人做好，我们需要一种积极而平静的力量，争中有退让，让中有进取，缓缓推进，直至达成心中的目标。

让人先走一步，不是对命运的屈服，也不是卑躬屈膝，而是在为未来做好铺垫和积累。做好普通人、普通事，在学与做中把握得失，决定自己的进程。

第2章 让三分余地与人，智者不争完胜

上善若水，利万物而不争。给他人一个空间，等于给自己留一条退路。不争完胜，是一种智慧，更是一种气度。

第3章 让三分利益与人，智者不争全鱼

争名夺利是人的欲望，每个人都会为了自己的幸福或是利益而去争取。然而，面对利益，不可自己穷尽，要懂得与人分享，才是做大做强的正道。

第4章 让三分功绩与人，智者不争荣宠

诱人的成绩与利益不仅是夺目的鲜花和激越的掌声，有时也可能是烫手的山芋。有了成绩不争功，才能为自己拓展更为广阔的发展空间，过于贪恋功名，反而对自己的发展不利。

第5章 让三分脸面与人，智者不争闲气

人争闲气一场空。在与别人合作的过程中，不逞意气之争，这既是强者操纵大事的手段，也是弱者取得最大化利益的有效策略。

第6章 让三分口惠与人，智者不争小隙

俗话说："百样米养百样人。"在现实社会中，不可能人人的价值观念与处世方式都与我们合拍，要成大事，就要有容人之量，让人三分，就能减少不必要的摩擦。

下篇 争的未必会得到，让的未必会失去

有一些事情，表面上看来是获得、是胜利，但是从整体、长远看来却是损失。所以说一个人不光要有竞争的激情，也要有与人为善、团结一切可以团结的力量的心胸。这就要求我们能够自如地把握好自己发展的节奏，在面临人生关口的时候做出恰如其分的选择。

第7章 泰山不让土壤，河海不择细流，是一种让

这个世界充满了竞争与挑战，也充满了激情与欢乐。要与人携手打拼，没有容人之量、让人之心是不可想象的。宽容是人生的一种智慧，一个拥有宽容美德的人，能够对那些在意见、习惯和信仰方面与他不同的人表示友好和接受。

第8章 秀林新叶催陈叶，流水前波让后波，是一种让

我们要向前辈学习，为后来者引路，摆正自己的位置，更大限度地发挥专长。正所谓“帮助别人往上爬的人，会爬得最高。”你越是善于帮助别人，你自身的收获就越多。

第9章 把方便让给别人，把困难留给自己，是一种让

主动去做那些繁重的、需要付出心力的事情，是一种胸怀，同时也得到了磨砺自己的机会。任何成大业者光是心高气盛还远远不够，必须从低处做起。不要局限于眼前的一人一事，更不要计较得失，任何一次体验都是财富！

第10章 风物长宜放眼量，一时得失勿计较，是一种让

主动给予是一种明智的、积极的交往方式。给予带给我们的将是一个美好的人际交往世界。

第11章 退一步天高地阔，让三分柳暗花明，是一种让

所谓“天时、地利、人和”，时势之争，人和为最。善为大事者，能够控制个人情感，以和谐的人际关系为最佳的做人之本。为“和谐”而让，不是失败、放弃和逃避，我们可以把它看作是积聚能量的过程，团结一切可以团结的力量，实现你的最终理想。

第12章 平日待人多厚道，急难自有人相扶，是一种让

一个人如果失去了忠诚，就失去了一切，因为人也是要讲口碑的，谁也不愿意与一个毫无忠诚、不能信赖的人共事、交往。所以，忠诚不仅有其独有的道德价值，而且还蕴含着巨大的经济价值和社会价值。一个人要想实现自己的理想，首先就要端正自己的思想，对自己所做的事保持清醒的认识，一开始就要秉承负责到底的精神，努力培养自己良好的品质，这才是成功者应有的心态。

第13章 做人要敢于担当，做事要勇于负责，是一种让

即使犯错，也不要推卸责任、寻找借口。一个缺乏责任感的人，或者一个不负责任的人，首先失去的是社会对自己的基本认可，其次失去了别人对自己的信任与尊重，甚至也失去了自身的立命之本——信誉和尊严。

上篇

不争，也有你的世界

老子说：“夫唯不争，故天下莫能与之争。”唯有具备不争的处世态度，天下才会没有人能与之抗衡。这不是保守和退缩，争也是分层次、分境界的，如果只凭一时的热情和冲动，或恃才傲物、或毕露锋芒、或猛打硬拼，结果大多力不从心、铩羽而归。要想真正把事做好、把人做好，我们需要一种积极而平静的力量，争中有退让，让中有进取，缓缓推进，直至达成心中的目标。

第1章　让三分优势与人，智者不争先手

让人先走一步，不是对命运的屈服，也不是卑躬屈膝，而是在为未来做好铺垫和积累。做好普通人、普通事，在学与做中把握得失，决定自己的进程。

1. 谦虚低调地做人

谦虚的人往往能得到别人的信赖。

在交往中，任何人都希望能得到别人的肯定性评价，都在不自觉地强烈维护着自己的形象和尊严。如果一个人的谈话过分地显示出高人一等的优越感，那么无形之中是对对方自尊和自信的一种挑战与轻视，排斥心理乃至敌意也就不自觉地产生了。

身在职场、处于优势时，自然是可喜可贺的事。如果别人一奉承，你就马上陶醉而喜形于色，这就会在无形中加强别人的忌妒心

理。所以，面对他人的赞许恭贺，应谦和、虚心，这样不仅能显示出自己的君子风度，淡化他人对你的忌妒心理，还能博得他人对你的敬佩。

“小姜毕业一年多就提升为业务经理，真了不起，大有前途呀！祝贺你啊！”在外单位工作的朋友小叶十分钦佩地说。“没什么，没什么，老兄你过奖了。主要是我们这儿水土好，领导和同事们抬举我。”小姜见与他同一年大学毕业的小吴在办公室里，便压抑着内心的欣喜，谦虚地回答。小吴虽然也忌妒小姜被提拔，但见他这么谦虚，也就笑盈盈地主动招呼小姜的朋友小叶说：“请坐啊！”

不难想象，如果小姜此时说什么“凭我的水平和能力早就应该提拔了”之类的话，那么小吴不妒忌才怪呢。

在社会上，言谈中多一些谦虚的话，就能有效地减弱他人的忌妒心理。

其实，以低姿态出现在他人面前，更加容易让对方认可、接受；而毫不谦虚、妄自尊大、高看自己、瞧不起别人的人往往会引起他人的反感。

法国哲学家罗西法古说：“如果你要得到仇人，就表现得比你的朋友优越；如果你要得到朋友，就要让你的朋友表现得比你优越。”在交往中，每个人都希望能得到别人的肯定。当我们让朋友表现得比我们优越时，他们就会有一种得到肯定的感觉，但是当我们表现得比他们还优越时，他们就会有一种自卑感，甚至对我们产生敌视情绪。

由此可见，还是谦虚一些好。谦虚谨慎是一种美德，更是每个人走好人生之旅的必备品质。只有谦虚，才会不断上进，才会善采人之长而补己之短，才会兢兢业业，从小事做起，严格要求自己，才会达到事业的成功。

谦虚的人往往能得到别人的信赖。因为谦虚，别人才不会以为你会对他构成威胁，而你正是因为谦虚才可以学到很多东西。因为谦虚，你可能会学到别人本来不愿意透露的东西。因为谦虚，你会赢得别人的尊重，为你与领导、同事、下属的关系建立一个良好的基础。因为谦虚，往往还能得到别人友善的帮助。

2. 迫不及待绽放的花朵，必然早早凋谢

成功不会刻意在职场路上等你，需要的是你自己的努力和不断地积累。

中国有句老话：“吃得苦中苦，方为人上人。”所谓“人上人”并不是一般功利的想法，而是说，在你还默默无闻不被人重视的时候，不妨试着暂时转移一下自己的物质目标、经济利益或事业目标，做好普通人、普通事，这样你的视野将更广阔，或许会发现许多意想不到的机会。

5年前，陈明18岁，高中毕业后进城谋生。在城里转了两天，总算找到了一份工作，就是当一名送水工。他一没有学历，二没有工作经验，有的只是年轻力壮，当送水工正好合适。

他对每一位客户都很有礼貌，敲门总是轻轻的，进门总是把鞋子脱了，光着脚进屋，而且每送一次水，他都会记下客户的地址，并在心里默念上几遍。这样，下次送水的时候，就不用走弯路，可以走最近的路。如此一来，他的效率大大提高了。每天，他都比别人多送些

水，他的收入也增多了。

一个送水工，一般每个月只有500元钱的收入，而他，也不过只有600元左右。那些送水工干上一年半载就不干了，另谋高就去了。而他，干了一年又一年。

5年，对于一个工作辛苦的人来说很长，但是对于一个工作快乐的人来说则很短。陈明开开心心地当了5年送水工。5年后，他终于辞职了。

辞职后，他用自己这些年的积蓄开了一家送水公司，大家觉得他必定失败无疑，因为城里的人家早就订水，有固定的送水站了，他新开，谁订他的水？

人们却想错了，他没有失败，有很多人订他的水，订他的水的人是他这些年认识的客户，以及客户的亲朋好友。每天，他的送水工来来往往地将公司的纯净水一桶桶地送出去。现在，他送水的业务占据了全城的一半。

有人问他是怎么出人意料地创造了这个奇迹的？他说，在这城里，干上5年送水工的人有几个？他们大多只干一年半载，而我一干就是5年，在这5年里，我结识了不少的客户，还跟他们的亲朋好友认识了。我给他们的印象都很好，我说我要开公司了，问他们订不订水，结果他们都表示愿意订我的水。况且，他们根本不记得我以前的那个送水公司，也不认那个公司，他们只认我这个人。如此一来，我的公司一开张就赢得了很多订水的客户！

踏踏实实地做下去是实现任何目标唯一的聪明做法。对于那些刚开始做自己事业的人来讲，不管被指派的工作多么不重要，都应该将其看成“使自己向前跨一步”的好机会。有时某些人看似一夜成名，但是如果你仔细看看他们过去的历史，就知道他们的成功并不是偶然得来的，他们早已投入无数心血，打好坚固的基础了。

成功是辉煌的，它背后的积累和准备工作却是无比艰辛和枯燥的，当你厌倦或者有所动摇的时候，可以这样告诫自己：准备，是一步步接近希望的必经的历程。明日的成就，就是在为这段艰苦历程颁奖。

成功其实没有捷径，日积月累才能厚积薄发，只有拥有稳扎稳打的实力后，你才能够走向成功。急于求成是每一个人成功路上的绊脚石。人只有先糊口，先填饱自己的肚子，才可能有力量去追求发展。为五斗米折腰也好，吃眼前亏也好，归结起来就是：一个成功的人必须学会忍耐。一时地容忍并不是对命运的屈服，也不是卑躬屈膝，而是在为未来做好铺垫和积累。

《菜根谭》中曾有这样一段话：“伏久者飞必高，开先者谢独早，知此，可以免蹭蹬之忧，可以消躁急之念。”其意思是：长久潜伏在林中的鸟，一旦展翅高飞，必然一飞冲天；迫不及待地绽开的花朵，必会早早凋谢。凡事焦躁无用，身处横逆之中，只有善屈善忍，储备精力，一鸣惊人的机会一定会来临。

3. 聪明外露，不如智慧藏身

聪明外露，不如智慧深藏，做一个糊涂的聪明人。

俗话说，枪打出头鸟，先出头的椽子容易烂。锋芒外露，于交友、处世都不利。自恃满腹经纶，在人前口若悬河，人们难免将你视为狂妄自大之徒，当面对你“洗耳恭听”，转身却对你嗤之以鼻。

从前有一个武功高强的武士精通禅道，虽然他年纪很大了，但在和人交手时，仍然每次都能获胜。一天晚上，一个年轻力壮的武士前来拜访。年轻的武士不但武功高强，而且胆大妄为、横行乡里。他和人比赛的时候，经常用各种方法将对方激怒，逼得对方在无可奈何的情况下先出手，然后，自己抓住这个时机，平静而仔细地观察对方的缺点，一旦抓住对方的弱点，就以迅雷不及掩耳的速度进行反击。用这样的方法，再加上自己的超常武功，年轻的武士在和人交手时都是百战百胜。

年轻的武士很早就知道老武士的声名，但因为年轻气盛，不把老武士放在眼里。他这次之所以前来拜访的目的就是踢馆，想用这种方法来提高自己的名望。弟子们担心老武士年龄太大，不是年轻武士的对手，都纷纷劝他不要接受挑战，或者挑选自己的年轻弟子迎战。可是，老武士既然接下了对方的战帖，就决定亲自与年轻的武士比赛。两大高手比赛的消息不胫而走，人们纷纷来到市区的大广场前，观看这场激烈的比赛。

在比赛开始的时候，年轻的武士像以前一样，开始侮辱老武士，使其发怒，对老武士扔石头、香蕉皮，还往他脸上吐口水，甚至用脏话侮辱他，想以此来激怒他，但老武士根本不为他的行为所动。这样折腾了好几个小时，老武士始终一动不动，既不生气，也不抢先出手。这是年轻的武士从来没有遇到过的情况，年轻的武士骂得嗓子都哑了，并且精疲力竭，已经没有力气和勇气向老武士进攻了。最后，血气方刚的武士自知不是老武士的对手，不战而退，灰溜溜地逃跑了。

回来后，老武士的弟子们都非常生气，很不理解地问老武士："师父，您为什么不好好教训一下那个狂妄自大的家伙呢？""就是！那小子太过分了，师父，您怎么能忍受？再说，这样也有损师父您的声名。"面对弟子们的质问，老武士没有做解释，反而问自己的弟子道："假如有人带着礼物来见你，你不接下礼物的话，礼物归谁？"弟子齐声回答道："当然是归送礼的人。"老武士微微一笑，说道，"忌妒、愤怒和侮辱难道不是同样的道理吗？如果这些东西你都拒收，它们还是归对方所有。"老武士最后说："从对招的角度来说，他是有，我是无，无招胜有招。"弟子们听了老武士的解释，才明白了师父的用意，从而也学到了其中的道理。

其实，真正的聪明人在与对方的较量中总是不露锋芒，并隐藏自己的智慧，以此掌握更大的主动权，让对方尽情发言，等他把话讲完了，对他的心理状态也就一清二楚了。这样，就为后发的进攻提供了可靠情况。《易经》上说："君子藏器于身，待时而动。"把握好藏与露的分寸，最后才能露出真正的锋芒。

秦朝末年，匈奴内部政权变动，人心不稳。邻近一个强大的民族东胡借机向匈奴勒索。东胡存心挑衅，要匈奴献上国宝千里马。匈奴的将领们都说东胡欺人太甚，国宝决不能轻易送给他们。匈奴单于冒顿却决定："给他们吧！不能因为一匹马与邻国失和。"匈奴的将领们都不服气，冒顿却若无其事。东胡见匈奴软弱可欺，竟然向冒顿要一名妻妾。众将见东胡得寸进尺，个个义愤填膺，冒顿却说："给他们吧，不能因为舍不得一个女子与邻国失和！"东胡不费吹灰之力，连连得手，料定匈奴软弱，不堪一击，根本不把匈奴放在眼里。这正是冒顿单于求之不得的。不久之后，东胡看中了与匈奴交界处的一片茫茫荒原，这荒原属于匈奴的领土，东胡派使臣去匈奴，要匈奴以此地相赠。匈奴众将认为冒顿还会继续忍让，这荒原又是渺无人烟之地，恐怕只得答应割让了，谁知冒顿此次突然说道："千里荒原，杳无人烟，但也是我匈奴的国土，岂可随便让人？"于是，下令集合部队，进攻东胡。匈奴将士受够了东胡的气，这一下，人人奋勇争先，锐不可当。东胡做梦也没想到那个痴愚的冒顿会突然发兵攻打自己，所以毫无准备，仓促应战，哪里是匈奴的对手。战争的结局是东胡被灭，东胡王被杀于乱军之中。

即使自己具有较强的实力，只要不露锋芒，就可以麻痹敌人的神经，再伺机给敌人以措手不及的回应。

冒顿是糊涂人、聪明心，他隐藏真正的实力，待机而动，这才是糊涂人的高明之处。身在激烈竞争中的人们，要想不被竞争淘汰出局，要想稳操胜券，从众人中脱颖而出，就学学冒顿，做一个糊涂的聪明人！

4. 做好规划再起步

凡事预则立，不预则废。

古语有云：“凡事预则立，不预则废。”这就是告诉我们，做什么事情都要有计划，没有计划的工作好比一团乱麻，摸不着头绪。一个人的人生需要规划，要一步一步做好计划和打算；企业需要统筹策划，不懂策划者就不能明白“磨刀不误砍柴工”的道理。

做事求稳健，这就要求我们不但要明白自己前进的方向，找到前进的道路，而且要把路上的每一道小沟、每一个拐角都了然于胸。《孙子兵法》说：“不知彼而知己，一胜一负；不知彼，不知己，每战必败。”这句话虽然很容易理解，但实际做起来却颇难。处于现代社会中的人，均应以此话来时时提醒自己，无论做何种事均应做好事前的调查工作，确实客观地认清自己的具体情况，才能获胜。不做事前的调查研究，只凭一腔热血，说做就做，不计后果，最后只能是以失败告终。

所以，我们无论做任何事，都要认真地做出周密的计划，不要盲目，更不要急于求成，要量力而行，一步一个脚印，才能不摔跟头或者说少摔跟头，也唯有这样才能成功。

1989年4月20日，一场罕见的冰雹席卷了整个泸州市，也让罗代榕所在单位泸州长城机电厂劳动服务公司陷入了瘫痪。罗代榕回家待岗了，时年32岁，女儿刚刚1岁。

为了生活，罗代榕做过搬运工，也卖过大碗茶，在这几年的工作中，她越来越强烈地认识到：自己才是救世主。

1992年3月，善于思考的罗代榕东拼西凑借来一笔钱，和两位朋友尝试了人生第一次风险投资——开了一个加油站，但加油者却寥寥无几，一年下来，投入的钱全部亏进去了。更为雪上加霜的是：两位朋友也撤了资，罗代榕负债累累。

为什么会这样呢？日思夜想中，一个念头闪过：要是有自己的车队来加油，不就能带动其他汽车来加油了吗？随即，罗代榕果断地找亲戚借来房产证做抵押，贷回两万多元作为开办费，租赁当地农行5辆夏利车，成立了泸州市金梦出租汽车公司。策划有方，1994年，金梦出租汽车公司有了微薄利润。

终于看见希望了，罗代榕如释重负。1995年，在泸州当地首次举行的公开拍卖出租车经营权会上，罗代榕在别人惊讶的目光中贷款买下了20多辆出租汽车的经营权。随后，1997年、1998年，罗代榕又一口气收购了汽车修理厂，兼并汽车运输公司，开设汽车配件销售网点。从运输、加油到配件，走的是一条几近完整的产业链路子。精明的女人，在最关键时刻走出了最精明的一招棋。

企业大了，罗代榕从整合开始加强内部管理。1999年，她关闭了一些规模小的企业，“组合优势资源，集中向外发展”。2000年，罗代榕与新疆油田、北京中油等企业签署了合作协议，并共同出资组建公司。此外，她还以3000万元收购了四川煤化股份有限公司。到2001年泸州金梦煤化集团成立时，罗代榕已是千万富翁。

要做大事，必须先确立“立志在我，成事在人”的思想。那些有做大事、立大志的人，头脑里要有3个重要的问题必须是非常明确的：我现在的位置在何处？我下一步的发展规划是什么？我将如何做到这一点？何时做到这一点？谋划得当，才可以避免那种被客观环境、外部影响牵着鼻子走的状态。

第2章 让三分余地与人，智者不争完胜

上善若水，利万物而不争。给他人一个空间，等于给自己留一条退路。不争完胜，是一种智慧，更是一种气度。

1. 找准自己的位置

一个人做自己擅长的事，是获取成功的一件法宝。

每个人自从懂事时起，就会问自己这样的问题：我是谁？我从哪里来？我往哪里去？这是人生最复杂的问题，又是人生必须面对的问题。人生的很多问题在一定程度上都决定于能不能对自己有个正确的认识。

有一则《井蛙归井》的寓言说：井里的青蛙向往大海，请大鳖带

它去看海，大鳖欣然同意。青蛙见到一望无际的大海，惊叹不已，急不可待地扑进大海之中，却被一个巨浪打回海滩，摔得晕头转向。大鳖见状，就让青蛙趴在自己的背上，背着它游。青蛙逐渐适应了海水，能自己游一会儿了。过了一阵子，青蛙有些渴了，但它喝不了又苦又咸的海水；它又有些饿了，却怎么也找不到一只可以吃的虫子。青蛙对大鳖说："大海的确很好，但以我的身体状况，不能适应海里的生活。看来，我还是要回到我的井里，那儿才是我的乐土。"

这则寓言告诉我们：要正视自己，不要去做超越自己能力的事情；给自己以准确定位，把自己该做的事情做好。记住，井底之蛙有井底之蛙的生存空间，河边之蛙有河边蛙的生存环境，田间之蛙有田间蛙的生存条件。忽视自己的生存价值而盲目追求是可怕的。一个公司员工尤为如此，给自己准确定位至关重要。

乔治毕业于法国一所著名的工程学院，毕业后，他毫不费力地找到了一份专业对口的工作。但是，几年后，他越干越力不从心。后来，他回忆说，工程师需要一种严肃而自律的精神，但是自己恰恰缺少这种精神。与此相反，他性格外向，富有亲和力，又特别钟爱四处活动。按部就班的工程师工作很难使他获得心灵上的满足，提高不了工作的积极性，无法在这个行业实现事业的突破，所以，他很苦闷。在一次经济大萧条中，乔治被淘汰出局，成为一名失业者。这一次，他准备寻找一份适合自己的工作。抱着试试看的心态，他进入了一家销售公司，负责产品销售，结果他的特长渐渐地得到了发挥，不到两年，他成为一名颇有成就的职业经理人。

自己的长处是帮助自己实现成功的最好工具。如果一个人对自己的长处了解不够、所处位置不当，他就永远别想有所建树。反之，如果找到自己的长处，就会挖掘出自己无限的潜能，便更容易取得成功。

只有客观地认识自己，知道自己的长处，找到自己的发展方向，走一条适合自己的道路，这对于成功来说才会起到事半功倍的效果。相反，如果一个人在自己不擅长的方面辛苦拼搏，成效可能不会很大，甚至无功而返。

据调查，有28%的人正是因为做了自己最擅长的事，才彻底地掌握了自己的命运，并把自己的优势发挥得淋漓尽致，这些人自然都跨越了弱者的门槛，而迈进了成功者之列；相反，有72%的人正是因为总是别扭地、违心地做着最不擅长的事，因此，不能脱颖而出，更谈不上成大事了。

如果你用心去观察那些卓越的人士，就会发现，他们几乎都有一个共同的特征：不论聪明才智高低与否，也不论他们从事哪一种行业、担任何种职务，他们都在做自己最擅长的事。

德塞纳维尔是别人眼里一无是处的庸才，但他总觉得自己有点儿与众不同的地方。有一天，他脑子里飘起一段曲调，他便将它大致哼出来，并用录音机录了下来，请人写成乐谱，名为《阿德丽娜叙事曲》。阿德丽娜正是他的大女儿。曲子谱好后，他就在罗曼维尔市找了一个游艺场的钢琴演奏员为之录音。这个演奏员毫无名气，穷酸得很。德塞纳维尔给他取了个艺名，叫理查德·克莱德……这一弹奏在音乐界引起了轰动，唱片在全世界一下子卖了2600万张，德塞纳维尔轻而易举地发了财。他说："我不会玩任何乐器，也不识乐谱，更不懂和声。不过我喜欢瞎哼哼，哼出些简单的大众爱听的调儿。"德塞纳维尔只作曲，不写歌，他的曲子已有数百首，并且风靡全球。20年来，德塞纳维尔靠收取巨额版税而腰缠万贯。

一个人做自己擅长的事，是获取成功的一件法宝。每个人在年轻的时候都会立大志，但不是每个人都能成为名人，也不是每个人都能够飞黄腾达。培养一技之长，一步一步去累积自己的个人资源，才是成大事的必由之路。许多成就卓越的人士，他们的成功首先得益于他们能充分地了解自己的长处，根据自己的特长来进行定位或重新定位，最终找准了真正属于自己的行业。

成功人士都是这样，保持特质，最后他们得到了一片蓝天。人的兴趣、才能、素质是不同的。如果你不了解这一点，没有把自己的所长利用起来，你所从事的行业需要的素质和才能正是你所缺乏的，那么你将会自我埋没。反之，如果你有自知之明，善于设计自己，从事你最擅长的工作，你就会获得成功。每个行业都有它存在的价值，只要你选准位置，做出成绩，就会受人尊敬，或成为某一领域的专家。劣势可以变优势，只要努力去选择，就会有收获。

2. 做好自己该做的事情

知道什么事情该做、什么事情不该做，是一种智慧，更是一种气度。

职场上，一些人因为能力比别人强，处处自以为是，即便在领导面前也不懂得收敛。他们会说："由于季节的原因，我决定将咱们的那批货降价促销。"如果你是领导，听了这话有什么感觉？虽然我们不能否认一些人在工作中的聪明才智，他们能力非凡、能独当一面，但是他们说话的口气和方式却犯了领导的大忌，他们或许能接受你的意见，但绝对不容许你替他作决定，否则会让他觉得你是自作聪明，对他不够尊重。聪明的人一定要懂得，对上司可以献策，而非决策。

张玮年轻干练、活泼开朗，工作没几年，职位"噌噌"地往上升，很快升为单位里的主力干将。几天前，新老板走马上任，上任伊始，就把张玮叫了过去："张玮，你经验丰富，能力又强，这里有个新项目，你就多费心盯一盯吧！"

受到新老板的重用，张玮欢欣鼓舞。恰好这天要去上海某周边城市谈判，张玮一合计，一行好几个人，坐公交车不方便，人也受累，会影响谈判效果；打车吧，一辆坐不下，两辆费用又太高；还是包一辆车好，经济又实惠。

主意定了，张玮却没有直接去办理。几年的职场生涯让他懂得，遇事向老板汇报一声是绝对必要的。于是，张玮来到老板跟前。

“老板，您看，我们今天要出去，”张玮把几种方案的利弊分析了一番，接着说，“所以呢，我决定包一辆车去！”汇报完毕，张玮发现老板的脸不知道什么时候黑了下来，他生硬地说：“是吗？可是我认为这个方案不大好，你们还是买票坐长途车去吧！”张玮愣住了，他万万没想到，一个如此合情合理的建议竟然被打了“回票”。

“没道理呀，傻瓜都能看出来我的方案是最佳的！”张玮大惑不解。

张玮凡事多向领导汇报的意识是很可贵的，错就错在没有摆正上下级的位置。注意，张玮说的是：“我决定包一辆车去！”在上司面前，说“我决定如何如何”是最犯忌讳的。

如果他能这样说：“老板，现在我们有3个选择，各有利弊。我个人认为包车比较可行，但我做不了主，您经验丰富，帮我作个决定行吗？”老板听到这样的话，绝对会做个顺水人情，答应他的请求，这样岂不两全其美？

在有的企业中，职员可以参与公司和本部门的一些决策，这时就应该注意谁做什么样的决策是有限制的。有些决策，你作为下属或一般的普通职员可以参与；而有些决策，下属还是不插言为妙。人们往往喜欢对某件事表明自己的态度，但是有时却超越了自己的身份，胡乱地表态，不仅是不负责的表现，也是无效的。对带有实质性问题的表态，应该由上司或上司授权才行。“沉默是金”这句话需要你视具体情况见机把握。

如果你是下属，又时不时犯这样的毛病，上司就会视你为“危险角色”，对你保持一定的警戒，甚至设法来“制裁”你。这时，即使你有意同上司配合，也为时已晚了，对方可能已不愿赏识你的配合了。对此，不妨谨记经验人士的忠告：不要做吃力不讨好的事。

夏蕾是一家跨国集团所辖分公司的员工，经过几年的奋斗，她现在已成为这家公司的公关部经理。一次，总公司的几位高层领导在香港举行盛大的宴会。夏蕾在商场中有着一定的声誉，正是因为其自恃业绩卓越，她在一些宴会中，风头常常凌驾于香港分公司总经理之上。

宴会当晚，轮到总公司的高层和主管分公司的总经理致辞时，夏蕾在旁一一介绍他们出场。轮到她的上司，即分公司的总经理时，她竟先说了一番感谢词，虽然只是三言两语，但已让总公司的主管皱眉，因为她当时只负责介绍上司出场，而无独立发言的权利。

在宴会的过程中，总公司主管主动与她交谈了一番，发现她在提及公司的事务时常以个人之见发表意见，全不提经理的旨意，给人的印象是她才是这个分公司的总经理。宴会后，分公司经理被上级邀请开会，研究他是否坚守自己的职位、是否应由公关经理代为处理日常业务。后来，夏蕾因越位，被他的上司找个借口炒了鱿鱼。

在我们的工作中，每一个人都有属于自己的位子，即便得意时也不可忘形，如果不小心而越权、就难免不受到上司的戒备、同僚的排挤。知道什么事情该做、什么事情不该做，是一种智慧，更是一种气度。把本职工作做好，对于超出自己工作范围的工作，即使能力足够，也不要插手，如此才能不越位、不越权，走出一条平稳的发展之路。

像夏蕾这样越权的表现，很容易严重损害到部门主管的感情，给自己以后的晋升带来难以逾越的障碍。因此，除非遇到特殊状况，否则千万不可越级行事。公司就像一部复杂而精密的机器，每一个部件都在固定的位置发挥着不同的作用，以保障整部机器的正常运转。然而有的人常常会有意或无意地越级，这样做的后果就是扰乱了公司的正常工作程序，造成人为的关系紧张，反而影响了工作效率，更会影响自己的事业前途。

下级“越级”行事，一方面会引起直接上级的反感，给正常的工作关系撒下不协调的种子；另一方面还会引起同级的不满，从而影响自己的人际关系。所以，职业人士必须正确认识自己的角色，给自己一个准确的定位，切实做到出力而不越位，唯有如此才能正确处理好上下级关系，才有可能得到领导的认可和赏识。

3. 路径窄处，留一步与人行

不要把自己的成功建立在别人的失败之上。

我们都知道，在大自然中，弱肉强食、动物之间的竞争是生存的竞争，不是你死就是我活。人与人之间呢？在社会上，人们也时时刻刻都在上演着生存空间的竞争、出人头地的竞争。在这些竞争中，是否也是要把你踩下去，然后我站在你的肩膀上升上来？

那种把自己的成功建立在他人失利上的小人当然也有，他们有时候也能获得一时之利，然而从长远看来，这种作风一则会使自己的正面形象受损，二则也可能会横生枝节，使人无法品尝胜利的果实。

所以即使是对手，相互之间也要留有余地，无理要让人，得理也不能不让人，这就是所谓的“为人做事不可太绝”。

在创业初期，甲、乙二人曾多次相互帮助，携手渡过许多难关。

但在成为当地最重要的两家经销商之后，甲和乙开始不约而同地将竞争的矛头指向了对方，在价格、广告、宣传、产品、促销、渠道等方面开展了全面竞争。如果甲看到乙的某种新商品畅销市场，就会立刻从外面趸货过来，而且定价远低于乙；甲如果有赚钱的产品，乙也会从外面拿货过来低价“倾销”。在广告宣传上，甲和乙每次都是针锋相对，褒扬自己，贬低对方，大有“不置对方于死地不罢休”的态势；在渠道和促销上，为了打击对方，抢占市场，两家都大打价格战，即使是赔本生意也照样做。

接下来的这一次是最彻底的一次，甲做了一个厂家的地区总代理，并预支了大量货款，但到年底，该厂家突然从人间“蒸发”，使甲蒙受了巨大的经济损失。此时，甲主动找到乙，希望凭借以往的交情求得乙的帮助，起码不要落井下石。但是乙拒绝了，并抓住这个“良机”四处宣扬甲资金紧张，“奉劝”各个厂家不要再发货给甲，并且告诉消费者，甲很难保障售后服务，不要到甲处购买商品。最终，甲在坚持了一段时间后，退出了这一行业。

然而，令乙没有想到的是，在甲退出之后，消费者宁可选择到外地购买商品，也不愿意走进乙的商店购买，乙的地位在市场上迅速滑坡。趁此机会，先前对甲、乙虎视眈眈的外来强势经销商和本地“地头蛇”疯狂地“圈地”，而乙由于长期与甲进行“价格战”，本身经营管理水平和抗风险能力并没有提高，一下子陷入了内外交困的苦境，最终不得不“关门大吉”了。

看完这个故事，我们得到一个教训：如果你的眼中容不得同行，心里容不下竞争对手，甚至要手段中伤、贬低竞争对手，以此达到抬高自己的目的，结果肯定也是搬起石头砸了自己的脚。

1933年，年仅19岁的吴清源向日本围棋界的至尊本因坊秀哉发起挑战。棋局开始，吴清源先行，使了一记怪招，这是别人从来没有用过的。秀哉大吃一惊，他当即“叫停”，暂挂免战牌。这次棋赛规定双方各用13小时，但秀哉有一个特权，就是随时可以“叫停”，吴清源没有这项权利。这一局棋因为秀哉不断叫停，拖延了4个多月。在本因坊家里，秀哉每天召集弟子们开会，商讨反攻之策。秀哉任本因坊已久，许多高手都出自他的门下，就日本传统棋界而言，此战可谓荣辱与共。所以，这一局棋，其实是吴清源一个人力战本因坊派数十名高手。下到145手时，局势已经大定，吴清源在左下方占了极大的一片，本因坊的会议开得更频繁了。第160手轮到秀哉下子，他下了又凶悍又巧妙的一子，在吴清源的势力范围中侵入了一块。最后的结局，秀哉的尊严勉强维持住了。许多年后，有人问吴清源："当时你已胜算在握，为什么还是输了？"因为秀哉虽然下出了巧妙的第160手，但吴还是可以胜的。吴笑笑说："还是输的好。"事实上，要是他胜了那局棋，只怕是以后在日本棋界就无法立足了。

4. 适应环境变化，适时调整自己

既然不能改变环境，那就改变我们自己。

人世间的冷暖是变化无常的，人生的道路是变化无常的，当你在遇到困难走不通时，或许退一步就会海阔天空；当你在事业一帆风顺的时候，一定要有谦让三分的胸襟和美德，应该把功劳让与别人一些，该进则进，该退则退，能屈能伸。

富兰克林小时候到一位长者家里去拜访，去聆听前辈的教诲。没料到，他一进门头就在门框上狠狠地撞了一下，身材高大的富兰克林疼痛难忍，不停地用手指揉着自己头上的大包，两眼瞪着那个低于正常标准的门框。出门迎接的长者看到他那副狼狈不堪的样子，忍不住笑起来："年轻人，很痛吧？"这位长者语重心长地说，"这可是你今天来这儿最大的收获。"

一个人要想在世上有所作为，"低头"是少不了的。低头是为了把头抬得更高、更有力。现实世界纷繁复杂，并非想象得那么一帆风顺，要想让自己不被时代所淘汰，就要学会竞争、学会适应。我们没有办法改变世界，但是我们可以随着时代的步伐不断地改变自己、充实自己，使自己更快地适应这个社会。

人们在面临一个陌生的环境或者加入一个陌生的群体时，都会很自然地产生一些困惑和焦虑的心理，这本是一个人自我保护的本能反应。如果你长期处于这种心理状态下无法调适，那么就很容易被社会淘汰。

理想和现实是有一定差距的。因此，你踏入一个新环境后，就要根据现实的环境及时调整自己的期望值，尽量把期望值降低一些，这样有利于减少心理的落差，也能帮你更快地适应新环境。

第3章 让三分利益与人，智者不争全鱼

争名夺利是人的欲望，每个人都会为了自己的幸福或是利益而去争取。然而，面对利益，不可自己穷尽，要懂得与人分享，才是做大做强的正道。

1. 与人为善，互惠互利

把便宜和实惠让与他人，你与他人的矛盾就会相应地减少。

中国古代有“和气生财”的说法，这里的“和”就是指“与人为善”。李嘉诚说过：“如果一单生意只有自己赚，而对方一点儿也不赚，这样的生意绝对不能做。”意思是，生意人应该利益均沾，这样才能保持久远的合作关系。相反，光顾一己利益，而无视对方的权益，只能是一锤子买卖，自己将生意做断做绝。

因此，做生意要让小利于别人，就算眼下吃了点儿亏，但从长远

角度来看，并非会真的吃亏。

中国台湾企业家、世界“塑胶大王”王永庆是一个让利专家，他认为助人等于助自己。台塑集团公司的管理水平很高，让它的下游客户羡慕不已，建议台塑将自己的管理精华传授给客户，使客户能迅速提高经营管理水平。这项建议反馈到台塑后，王永庆欣然应允，决定开办“企管研讨会”。参加研讨会的学员来自众多行业，都是台塑集团公司的客户，连一些著名企业的老板也报名参加。

台塑企业本着为客户提供管理资讯服务的精神，对学员一律免费。台塑企业除提供教材外，同时免费供应午餐与晚餐。上、下午各安排一次“咖啡时间”，供应各式餐点。根据台塑总管理处的成本核算，每位学员的花费约为 800 元台币，总支出达 160 万元台币。在一般人看来，花钱请别人来学自己的“绝活”无疑是干傻事。但王永庆的理念却是与人有利，自己有利。这正是他的出类拔萃之处。

王永庆深知，台塑与下游企业乃是唇亡齿寒的关系，一荣俱荣，一损俱损。因此，他从不利用“龙头老大”的地位为自己争利。相反，他宁可自己少赚点，也要保障下游企业的利益。有一年，由于世界石油危机和关贸壁垒的盛行，使国际经济环境恶化，全球塑胶原料价格普遍上扬。按市场常规，台塑此时提价是名正言顺的。但王永庆考虑到下游企业的承受能力，决定降低公司的目标利润，维持原供应价，自行消化涨价成本。有人问他为什么如此大度，他说：“如果赚一块钱就有利润，为什么要赚两块钱呢？何不把这一块钱留给客户，让他们去扩大设备？如此一来，客户的原料需求量将会更大，订单不就更多了？”

然而，许多人不懂这个道理，他们常常为眼前利益所迷惑，而忽视了更大的利益。这正是大人物与小人物的本质差别，也是人生成败的秘诀所在。

俗话说，一个篱笆三个桩，一个好汉三个帮。在家我们可以靠父母，出外就需要靠朋友了。尤其在这个激烈竞争的社会，人缘和朋友更为重要。如果只讲竞争而不顾对方的利益，那么竞争必定会发展为恶性竞争和无序竞争，人际关系的和谐更将无从谈起。

试想，如果你身为老板，让自己的员工得了实惠，即使他们只顾眼前的利益，也会一心追随着你。如果你的生意伙伴知道同你做生意会比同其他人合作获得更多的收益，就不会丢掉你这样的生意伙伴，你的生意也会越做越大。

做人就和做事一样，不能感情用事。那么，我们应当怎么做才能既有人情味，又得利益呢？

有一个装修器材的老板，他没有文化，也没有社会背景，但生意却是出奇的好，而且历经多年长盛不衰。说起他的经营之道其实相当简单，就是他与每个合作者分利的时候，他都只拿小头，把大头让给对方。这样一来，凡是与他合作过一次的人，都愿意与他继续合作，而且还会介绍一些朋友，再扩大到朋友的朋友，结果许多人都成了他的客户。人人都说他好，因为他只拿小头，但所有人的小头集中起来，就成了最大的大头，所以他才是真正的赢家。

有句口头禅说得好："大人不计小人过。"即遇事不要与人斤斤计较，应该把方便让给他人，这样你与他人之间的矛盾就会适当地减少，人际关系也会更加融洽了。

当然，在实际交往中，有时也会遇到双方意见不统一，这时我们就要跳出自己固定的思维模式，谋求一个折中的方案。比如，对利益有争议时，双方可以坐下来诚恳地协商，必要时，双方都做出一定的妥协。这样就能互惠，还能让对方对你心存感激，以后将更愿意与你合作，而你得到的利益也将更多。

事实上，只要我们在交际中自己先退一步，给足对方面子，自己的底线上留有一定的弹性，与对方利益共享、共谋发展，那么，就一定能取得最佳效果，实现自己的理想。

2. 智者不争全鱼

成功的商人善于放弃，放弃私欲而赢得真诚的合作，放弃暴利而赢得广大的市场。

佛家有云："舍得，舍得，有舍才有得。""舍"即舍弃、放弃，"得"即得到、获取。人的一生会被许多难以取舍、困惑不已的琐事纠缠不清，这时所需要的就是断然地舍弃与明智地抉择，如果坚持只取不舍，那么最终会什么也得不到。敢于放弃眼前的利益而最终赢得长远的利益、放弃局部的利益而最终赢得整体的利益，这是做事的成功原则。成功的商人善于放弃，放弃私欲而赢得与客户间真诚的合作，放弃暴利而赢得更加广阔的市场。

张果喜，江西果喜实业集团公司董事长兼总经理。1979 年开始生产出口日本的佛龛，占据了日本大部分佛龛市场，并在加拿大、德国、韩国、泰国和中国香港等地开辟了经销处和办事处，产品共计五大类、2000 余种，个人资产达数亿元。

张果喜在日本取得了一定的市场份额以后，就与日商建立了稳固的代理关系，全部佛龛产品都由日商代理经销。不久，新情况出现了，随着张果喜生产的佛龛在日本市场的畅销，一些颇具眼光的日本商人看到销售这种佛龛有利可图，为降低进货成本，一些销售商就想走捷径，绕过代理商直接从张果喜那里进货。

从眼前利益看，销售商的直接订货减少了中间环节，厂方确实可以多得一些钱，捞到实惠。但从长远考虑，接受直接订货，就意味着将失去已花费了很大力气开辟的以往的销售渠道，甚至使以往的销售渠道背离自己，走到自己的对立面，这无疑得不偿失。

后来，日本代理商知道此事后很受感动，增强了对张果喜的信任，在推销宣传方面下了不少工夫。向来不轻易买账的日本代理商这次果敢地打出了张果喜是“天下木雕第一家”的招牌，从而使张果喜的产品地位在日本市场越来越稳定。

人无远虑，必有近忧。张果喜清醒地看到，生产佛龛利润丰厚，除了他的果喜集团公司，韩国与中国台湾地区制作的产品也有相当的渗透力，更不用说在日本本土还有成千上万的同类中小型企业了。如果照以前那样，单靠原有的销售网络和一两个合资的株式会社与强大的竞争对手抗衡，只能处于劣势而被人家踩在脚底下。

权衡利弊后，张果喜决定扩大“同盟军”，把一些原先的对立派拉到自己一边。张果喜为慎重起见，还与他的智囊团成员对此细细地做了分析研究，选择了分散在日本各地有代表性的一些中小型企业。经过多方协调，于1991年成立了“日本佛龛经销协会”，专门经销果喜集团的漆器雕刻品。这种方式变消极竞争为积极合作，当年立竿见影，张果喜在日本佛龛市场的份额占到六成，取得了更大的市场主动权。

这就是张果喜的经商与为人之道，其真谛在于周密思考、权衡利弊，摆脱眼前利益和一己之利的束缚，开阔视野，与盟友和竞争对手共同发展，最终才能稳住阵地。

不吃"全鱼"不仅是经商之道，更是一种睿智的财富观。有个大富豪曾经说过：财富如水，如果是一杯水，你可以独自享用；如果是一桶水，你可以存放在家里；但如果是一条河，你就要学会与人分享。不同的财富观决定不同的人生。

因此，看问题一定要把目光放长远一些，千万不要为了眼前的"芝麻"而丢了未来的"西瓜"。

可能所有的人都懂得权衡利弊，两利相权取其大，两害相权取其轻。道理很简单，用不着多说，问题是，你的权衡标准是否正确？你所取的"大利"真的大吗？如果你只是以"钱多钱少"为唯一标准，可能会忽视了更重要的东西。

大家可能知道这样一则故事。

某人到一个城镇旅行，听这里的人说起一个小孩，大家都叫他"傻子"，因为他永远选择5分钱，而不选1角钱。很多人不相信，就拿出两个硬币，一个1角，一个5分，分别放在两只手里，叫那个小孩任选一个，结果那个小孩真的挑了5分的硬币，围观的人看得哈哈大笑，非常开心。这个旅行者觉得非常奇怪，便问那个孩子：

“难道你不会分辨硬币的价值吗？”

“不是的！”孩子小声地说，“如果我选择1角钱，下次他们就不会和我玩这种游戏了！”

读到这个故事后你有什么感想？你会发觉，那个“傻子”其实才是最聪明的人。的确，如果他选择了一角钱，这件事就变得不好玩了，也没有人愿意继续跟他“玩”下去了，而他得到的也只有一角钱！但他拿5分钱，把自己装成“傻子”，越拿越多，这也是一种放长线钓大鱼的策略。

那么，在人际交往中，如果我们能舍弃某些蝇头小利，将有助于塑造良好的自我形象，获得他人的好感，为自己赢得友谊和影响力。

3.投桃报李，礼尚往来

先主动“投桃”，从而先得到对方的“报李”往往对事情的成功更有好处。

投桃报李、礼尚往来是交际的一个原则。求方应牢牢记住助方给予的帮助，做到“受恩莫忘”。滴水之恩，当以涌泉相报，这是交际中品德高尚的人所应遵循的准则。“毛宝放龟而得渡，隋侯救蛇而获珠”，这些神话传说就是对这种报恩精神的浪漫化写照。

当然，在现代社会，感谢对方帮忙的最好方式就是“投桃报李”。求助于朋友时，在朋友互相信任的基础上，不管是先“投桃”还是先“报李”都是无所谓的。先主动“投桃”，从而先得到对方的“报李”往往对事情的成功更有好处。

纽约的金融家华特生还是银行职员时，有一次他的上司要他尽快准备好一个人的资料，而那个人是一家公司的总经理，华特生就去拜访他，当他被引进总经理办公室之后，一位年轻的秘书从门口探头轻轻地告诉他经理今天没有邮票给他儿子。总经理向华特生解释说："我在替我12岁的儿子收集邮票。"之后，华特生向总经理述说他的来意并向他请教了一些问题。但是华特生看出，从头到尾，那个经理都在含糊而笼统地敷衍他，摆出一副根本不想谈论这个问题的样子，因此这次会晤很快就结束了，而且毫无结果。

在回去的路上，华特生闷闷不乐地思考着如何解决这件事情，他突然想起那个经理的秘书所讲的话，什么邮票、12岁大的孩子……同时他又想到他们银行的国外部也在做邮票收集的工作，那些邮票正是来自世界各地，于是华特生心计一生，顿时喜上眉梢。

第二天下午华特生又去拜访那位经理，到达之后华特生请经理秘书传话给他，告诉经理这次他还有一些邮票要给他的孩子。

这时情形完全变了，那个经理很快自己跑出来，他热情地握着华特生的手，仿佛是要竞选国会议员一样，面带笑容而且容光焕发。当他欣赏完邮票的时候，口里还不断地说着："我的乔治一定会喜欢这张的！这可是一张珍品哦！"华特生与他花了半个小时谈邮票与他儿子的事，之后他足足花了一个多小时的时间提供华特生所需要的资料，他把所知道的全部告诉了华特生，并且害怕有所遗漏，还把他的属下叫进来询问一番，甚至给他同事打电话询问一些细节，他给了华特生许多实证、数据、报告以及文件。这一趟，华特生满载而归，他得到的是一条“独家新闻”。

人是一种有感情的动物，情感渗透于人生的每个角落，可以对人的思想和行动产生深远的影响。古人云，士为知己者死。这是情感的积极效应产生的增力作用。

柏年在美国的律师事务所刚开业时，连一台复印机都买不起。移民潮一浪接一浪地涌进美国时，他接了许多移民的案子，常常深更半夜被唤到移民局的拘留所领人，还不时地在黑白两道间周旋。他开一辆掉了漆的本田车，在小镇间奔波，兢兢业业地做着职业律师。

终于媳妇熬成了婆，电话线换成了4条，扩大了办公室，又雇用了专职秘书、办案人员，他气派地开起了“奔驰”，处处受到礼遇。

然而，天有不测风云，他一念之差将资产投资股票，全部资产几乎一下子亏尽。更不巧的是，岁末年初，移民法又再次修改，职业移民名额削减，他的律师事务所顿时门庭冷落。他想不到从辉煌到倒闭几乎只在一夜之间。

这时，他收到了一封信，是一家公司的总裁写的：愿意将公司30%的股权转让给他，并聘他为公司和其他两家公司的终身法人代理。他不敢相信自己的眼睛。他找上门去，总裁是个40开外的波兰裔中年人。

“还记得我吗?”总裁问。他摇了摇头。

总裁微微一笑，从硕大的办公桌抽屉里拿出一张皱巴巴的5块钱汇票，上面夹的名片上印着柏年律师的地址、电话。他实在想不起还有这样一桩事情。

“10年前，”总裁开口了，“我在移民局排队办工签，排到我时，移民局已经快关门了。当时，我不知道工签的申请费用涨了5美元，移民局不收个人支票，我又没有多余的现金，如果我那天拿不到工签，雇主就会另雇他人了。这时，是你从身后递了5美元上来，我要你留下地址，好把钱还给你，你就给了我一张名片。”

他也渐渐回忆起来了，但是仍将信将疑地问：“后来呢?”

“后来我就在这家公司工作，很快我就发明了两个专利。我到公司上班后的第一天就想把这张汇票寄出，但是一直没有。我单枪匹马来到美国闯天下，经历了许多冷遇和磨难。这5块钱改变了我对人生的态度，所以，我不能随随便便就寄出这张汇票。”

在日常生活中，有许多偶然的事情将会决定你的未来命运，但前提是你必须有一颗悲悯之心。

第4章 让三分功绩与人，智者不争荣宠

诱人的成绩与利益不仅是夺目的鲜花和激越的掌声，有时也可能是烫手的山芋。有了成绩不争功，才能为自己拓展更为广阔的发展空间，过于贪恋功名，反而对自己的发展不利。

1. 适可而止，见好就收

功遂身退乃天之道。

中国有一句俗话叫“知足常乐”。佛教的理想是“不计众苦，少欲知足”。孟子有一句话叫“养心莫善于寡欲”，是说希望人们有一颗对人、对社会有益的心，一定要做到欲望少。他还说：“其为人也寡欲，虽不存焉者寡矣；其为人也多欲，虽有存焉者寡矣。”欲少则仁心存，欲多则仁心亡，说明了欲与

仁之间的关系。

自古仕途多变动，所以古人以为身在官场一定要有时刻淡化利欲之心的心理。利欲之心人固有之，甚至生亦我所欲，所欲有甚于生者，这当然是正常的，问题是要能进行自控，不要把一切看得太重，到了一定限度的时候要能把握得准，跳得出这个圈子，不为利欲之争而弄得身败名裂、家破人亡。

西汉张良，字子孺，号子房，小时候在下邳游历，在沼水桥上遇到黄石公，替他穿鞋，因而从黄石公那儿得到一本书，叫《太公兵法》。后来追随汉高祖，平定天下后，汉高祖封他为留侯。张良说道："凭一张利嘴成为皇帝的军师，并且被封了万户子民，位居列侯之中，这是平民百姓最大的荣耀，在我张良是很满足了。愿意放弃人世间的纠纷，跟随赤松子去云游。"司马迁评价他说："张良这个人通达事理，把功名看成身外之物，不看重荣华富贵。"

张良的祖先是韩国人，伯父和父亲曾是韩国宰相。韩国被秦灭后，张良力图复国，曾说服项梁立韩王成。后来韩王成被项羽所杀，张良复国无望，重归刘邦。楚汉战争中，张良多次计出良谋，使刘邦险中转胜。鸿门宴中，张良以过人的智慧保护了刘邦安全脱离险境。刘邦采纳张良不分封割地的主张，阻止了再次分裂天下。与项羽和约划分楚河汉界后，刘邦意欲进入关中休整军队，张良劝阻，认为应不失时机地对项羽发动攻击。最后与韩信等在垓下全歼项羽楚军，打下汉室江山。

公元前201年，刘邦江山坐定，册封功臣。萧何安邦定国，功高盖世，列侯中所享封邑最多。其次是张良，封给张良齐地3万户，张良不受，推辞说："当初我在下邳起兵，同皇上在留县会合，这是上天有意把我交给您使用。皇上对我的计策能够采纳，我感到十分荣幸，我希望封留县就够了，不敢接受齐地3万户。"张良选择的留县最多不过万户，而且还没有齐地富饶。

张良回到封地留县后潜心读书，搜集整理了大量的军事著作，为当时的军事发展作出了重要的贡献。

"功成身退"是一种退守策略，是指一个人功成名就之后见好就收。其实，过分自满，不知适可而止，必定会自取灭亡。而功成名就后急流勇退，将一切名利都抛开，是一种积极而充满智慧的处世之道。因为无论名或利，在到达顶峰之后，就会走其相反的方向。"功成身退，明哲保身"，是理智，更是明智。

古人常说"过犹不及"，是说凡事要讲一个度，对于功名利禄，凡人几乎没有不梦寐以求的，但如果过分热衷，弄不好就会陷入其中而不能自拔，最终毁灭自己。身外之物应当被人奴役，而不应奴役人，这话一说出来，大家都能明白，可是世上的事往往是"不识庐山真面目，只缘身在此山中”，局中人就不容易明白、不容易跳出三界之外。因此，真正聪明之人，对待功名利禄也要“得放手处且放手”，讲究“吃亏是福”，不可过分执着。

三国时候，曹操手下的谋士荀攸就是一个能将聪明与糊涂善加利用的人才。

曹操挟持汉献帝在许昌建立都城后，在全国寻求贤能的人。有人向他推荐荀攸，说他是一个人才，曹操很高兴，接见了荀攸，先是让他担当汝南太守，后来又将他升为军师。

荀攸参与曹操军团的军机谋划，多出妙计，深受曹操的器重。但是荀攸在与曹操或者同僚相处的时候却并不显得有多么聪明，不与人争论高下，也从来不表露自己的功劳。身处权力的中心，纷争是非常残酷的，但是荀攸表现得非常谦卑，加之他个人看起来也比较文弱，在纷争中显得愚钝而怯弱，大家也很少将矛头对准他。在朝 20 余年，荀攸总是能够从容不迫地在政治旋涡中脱身，在朝中极其残酷的人事倾轧中屹立，以至于曹操赞赏道：荀攸绝非一般的聪明人，我能够与他共议天下，他方方面面都为我考虑周到，我也没有什么好忧虑的。

谦逊和功劳之间有这样的关系，人没有功劳的时候，谦虚是无能的别名。人一旦有了功劳，当你建立了两份功劳，就需要有两份谦逊。当你有 10 份功劳，必须有 12 份谦逊来配平。当你有了功劳之后，就容易成为众矢之的。如果你能够始终保持谦逊的姿态，就不会激起别人对你的忌妒和反感之心。

2. 不要太过聪明

作为职员，不要乱猜老板心思，这是一种变相的越权。

生活中的人们，谁都希望自己比别人聪明一点，能够睿智处世、豁达做人。聪明不是坏事，但切不可自以为是，聪明反被聪明误。

一次，曹操令人建一座花园。快竣工了，监造花园的官员请曹操来验收察看。曹操参观花园之后，是好、是坏、是褒、是贬，一句话也没有说，只是拿起笔来，在花园大门上写了一个“活”字，便扬长而去。一见这情形，大家犹如丈二和尚摸不着头脑，怎么也猜不透曹操的意思。杨修却笑着说道：“门内添‘活’字，是个‘阔’字，丞相是嫌园门太阔了。”官员见杨修说得有道理，立即返工重建园门，改造妥当后，又请曹操来观看。曹操一见重建后的园门不禁大喜，问道：“谁知道了我的意思?”左右答道：“是杨修主簿。”曹操表面上称赞杨修的聪明，其实内心已开始忌讳杨修了。

杨修最后一次聪明的表露是在曹操自封为魏王之后。曹操亲自引兵与蜀军作战，战事失利，进退不能。曹操数次进攻蜀军总不能奏效，长期拖下去，不仅耗费钱粮且会挫伤士气，如果真的撤兵无功而归，又会遭人笑话。是进是退，当时曹操心中犹豫不决。此时厨子呈进鸡汤，曹操看见碗中有鸡肋，因而有感于怀，觉得眼下的战事有如碗中之鸡肋："食之无肉，弃之可惜。"他正沉吟间，夏侯惇入帐内禀请夜间号令，曹操随口说："鸡肋！鸡肋！"夏侯惇传令众官，都称"鸡肋"。

杨修见传"鸡肋"二字便叫随行军士各自收拾行装，准备归程。有人报知夏侯惇，夏侯惇大惊失色，立即请杨修到帐中，问他："为什么叫人收拾行装？"杨修说："从今夜的号令，便知道魏王很快就要退兵回去了。""你怎么知道？"夏侯惇又问。杨修笑道，"鸡肋吃着没有肉，丢了又觉得它可惜。魏王的意思是现在进不能胜，退又害怕人笑话，在此没有好处，不如早归，明天魏王一定会下令班师回转的。所以先收拾行装免得临行慌乱。"夏侯惇说，"您可算魏王肚里的蛔虫，知道魏王的心思啊！"他不但没有责怪杨修，反而也命令军士收拾行装。于是寨中各位将领，无不准备归计。

当夜曹操心乱，不能入睡，就手按宝剑，绕着军寨独自行走。只见夏侯惇寨内军士各自准备行装，曹操大惊，心想：我没有下达撤军命令，谁竟敢如此大胆，做撤军的准备？他急忙回帐召夏侯惇入帐，夏侯惇说："主簿杨修已经知道大王想归回的意思。"曹操叫来杨修问他怎么知道，杨修就以鸡肋的含意对答，曹操一听大怒，说："你怎敢造谣乱我军心！"不由分说，叫来刀斧手将杨修推出去斩了，把首级悬在辕门外。曹操终于寻得机会除掉了杨修，杨修也终于结束了他聪明的一生。

杨修确实够聪明，但聪明得又糊涂。说他聪明，因为他能看透别人看不到的东西，能猜透别人猜不透的事情。然而，他又太愚蠢，愚蠢得不知如何保护自己，处处显露锋芒。

一个人有锋芒固然是好事，能够成为事业成功的前提和保障。锋芒也是一把双刃剑，它能刺伤人，也会刺伤自己。如果在上司面前过分地外露自己的聪明才华，很多时候都会为自己造成负面影响。

任锐应聘到公司任职时，部门经理对他有戒心，因为任锐各方面明显比他强，部门经理是函授毕业本科生，而任锐是海外归来的“洋博士”。任锐刚到公司上班，部门经理就拍拍他的肩膀说：“老兄，我随时准备交班。”眉宇间透露出一丝悲凉。可任锐知道自己的身份，部门经理是上司，他是经理的助理，他们之间是上下级的关系，而且任锐也从没有想“夺权”的歹念。

于是任锐想在大智若愚上做点文章，以消除上司对他的戒心，因为如果任锐稍有张扬，他的才气就会喷涌勃发的，立刻会反衬出上司捉襟见肘的尴尬。在业务会上，任锐对自己的真知灼见、远见卓识有意打下埋伏，留下思维的空间给经理作总结。平常任锐尽量表现得愚笨一点，收起他的锋芒，经常向经理请示汇报，不擅自做主，特别是一些决策性的工作，任锐都等经理表态。有一次，经理出差不在公司，有一笔生意其实任锐看得很准，肯定能赚大钱的，他还是向远在千里之外的经理请示，说自己吃不准，请经理定夺，把“功劳”让给经理。

经过一段时间的相处，经理对任锐消除了戒心，他把许多重大的决策权都主动下放给任锐，使任锐能纵横驰骋地发挥自己的才华，没有后顾之忧。

智者并不会一味地想让别人知道自己有多智慧、有多强大，而常常表现一种大智若愚的姿态，他们善于以此来自我保护。因此，做人要先懂得如何保护自己、收敛锐气，待时机成熟再一鸣惊人。

3. 远离庇护，在打磨中成长

老板不严，公司不稳。面对老板的批评与指责，不要心存芥蒂。

身在职场中的每个人可能都喜欢心地善良、脾气又好的上司。的确，与这样的上司在一起工作，身心放松，即使做了点儿出格的事或者冒犯了他，也不必担心他会“修理”你。可是，对于那些吹毛求疵、时刻都准备找碴儿的上司呢？我们总是心里很担心，生怕工作没有做好，让上司挑出毛病，于是总是小心翼翼，下意识地躲避他们。

如果你想成功，想做一番事业，这种心态一定要注意克服。因为“修理”你的人，往往就是把你当成人才、想进一步打磨你的人。

日本大企业家福田先生在做服务生的时候，常常被老板小松先生责骂。但福田也因为他每次的责骂而得到一些启示，学会一些事情，所以福田当时总是“主动地”寻找挨骂。只要遇见了小松先生，福田决不会像其他怕挨骂的服务生那样逃之夭夭，总是恰到好处地把握机会，立刻趋身向前向小松先生打招呼，并态度诚恳地请教说：“早安！请问社长，您看我有什么地方需要改进吗？”

这时，小松先生便会给他指出许多需要注意的地方。福田在聆听训话之后，必定马上遵照社长的指示改正自己的缺点。

福田殷勤主动地到小松社长面前请教，是因为他深知年轻资浅的服务生很难有机会直接和老板交谈，只有如此把握，别无他法。而且向老板请教，通常正是老板在视察自己工作的时候，这就是向老板推销自己的最佳时机。所以，小松先生对福田的印象就比任何人都深刻，对福田有所指示时，也总是亲切地直呼他的名字，并耐心地告诉福田什么地方需要注意、哪些地方有待改进以及如何改进等。

就这样，福田每天主动又虚心地向小松先生讨教，持续了两年。有一天，小松社长对福田说："我长期观察，发现你工作相当勤勉，值得鼓励，所以明天开始我请你担任经理。"就这样，19岁的服务生一下子便跳升为经理，在待遇方面也提高很多。

从福田挨骂获得成长的经历来看，在待人处世中，特别是在与上司接触的过程中，被上司指责和训斥，就是在接受另一种形式的教育、培养和深造。

柳宗元在《敌戒》中说："皆知敌之仇，而不知为益之尤；皆知敌之害，而不知为利之大。"他举例说：秦有六国，竞竞以强，六国既亡，天下承平，于是采不死之药，用拍马之徒，喜颂圣之声，恶报忧之闻，终落个二世而亡。看来，人没有敌手是很难发挥自己的全部潜能的，这是因为最难的是"战胜自我"。没有敌手的激励，难免怠惰，难免放纵，难免降低追求的目标。

因此，对于“修理”我们的上司或者是师长，我们要心怀崇敬，切不可因为受到批评，包括不公正、不合理的批评而对其心存芥蒂，这样的话，就把“玉”当成“石头”了。心怀崇敬，就是一要觉得这种人是非常高大的人；二要觉得这种人是值得尊敬的人。这两种想法表现在实际交往中，一定会让对方感到满意，让自己也得到益处。

昔日的商人，大都有过一段给人当学徒的经历。掌柜的对其严厉督促：生活上要勤劳自律，生意上要机灵用心。谚称：“十年寒窗考状元，十年学商倍加难”、“忙时心不乱，闲时心不散”、“人有站相，货有摆样”。

学徒期满，懂得了规矩，增长了能力，明白了事理，了解了人情以后的再正式从商，都得益于这段宝贵的经历。真正有见识的人，都不把被“修理”当坏事，甚至会主动去寻找一个能给自己带来压力的地方磨炼自己。

冯先生担任某公司主管多年，最近辞去了工作，到一家比较小的公司“低就”，情愿从较低的薪水做起。问他原因，他笑说：“老板不够严。”

原公司老板以温柔敦厚著称，该公司海外分公司的某位经理因为收取回扣，造成了公司上千万美元的损失，证据确凿之下，被上司勒令离职，但是这位经理却是老板的校友，别有一番私人关系，自己理亏，还敢越级上奏，结果竟被留了下来，既往不咎。

所有知情的主管都被淋了一头冷水：如此不是鼓励大家拿回扣吗？反正老板不会惩罚。

还有几位资深员工在该公司完全赶不上e化速度，已经到了每天早上到公司喝茶看报纸，过悠闲生活的地步。公司人事部门在专业评估后，请这几位退休，他们跑去跟老板哭诉，老板很有良心，又让他们留下来，继续尸位素餐。

由于老板心地好，不会主动辞掉员工，公司数千名员工的平均年龄竟然高达50岁。放眼望去，白发者居多。“快成敬老院了。”冯先生说。

虽然他也欣赏老板的慈悲为怀，但是几经考虑，觉得这样的公司实在赶不上日新月异的时代，未来经营的危机很大，再待下去“就像坐上一班不久后一定会撞上山崖的慢车一样”。老板赏罚不分，仁慈到近乎懦弱，他工作起来也没有什么动力，于是牙一咬，投靠别的公司去了。

每个人都希望老板仁慈一点，但事实上，老板若不够严，公司也会出问题。在我们看来，每一个有竞争力的产业，老板都有一个特质：敢给，但也敢摇苹果树，不时地要让树上不好的果子落下来。

对于那些和仁慈柔弱的人共事来说，此处决不是一个长久的安乐窝。那些好好先生是好人，同时也是庸人，和他们在一起，想有什么建树都难。趁自己的双脚还有力量，还是赶紧去寻找自己的出路吧！否则，在平庸的环境中浸泡久了，你也难免要平庸起来。

第5章　让三分脸面与人，智者不争闲气

人争闲气一场空。在与别人合作的过程中，不逞意气之争，这既是强者操纵大事的手段，也是弱者取得最大化利益的有效策略。

1. 礼让三分，别太争强好胜

争强好胜，使对方下不来台，常常不会有好结果。

人们常说“人争一口气，佛争一炷香”。面子既不能不要，也不能都要，我们一定要对这个问题有一个正确的认识。否则，自己为了要面子，而实际上往往是丢了面子，丢了面子是小事，但是为了面子而活受罪则实在是不划算的。

张桐是一个自尊心很强的机械设计师，以前在国企工作，一直担

当着设计部的主管，能力出众。后来，国企改制，他想换一家单位工作，重新找一个支撑点，好好干一番事业。所以，在招聘会上投出十几份求职简历。有几家公司通知他去面试，初试过关后，轮到了复试，人事部主管征求他薪金的要求，因为拉不下面子，张桐让对方根据情况定，对方以为他能力不够，让他回去等，一等便是再无消息。张桐感到很沮丧，本来，他以为靠自己出色的工作能力和丰富的实践经验，一定会轻松地把工作搞定，但结果却让他十分失望。后来，他找到一位常年在外企摸爬滚打的朋友诉说苦衷，对方听了他的求职过程后，便拍着他的肩膀说："哥们儿，你把面子看得太重，人家还以为你能力不够，不敢提薪金要求，这是教训。下次宁可据理力争，也别羞于开口。要知道，在今天这个经济社会里，你必须把面子放到一边，才能得到你想要的东西。"在这位朋友的启发下，他才知道，因为自己羞于谈薪水的问题而被招聘者看轻了。此后，他汲取了教训，在应聘时，直接向老板谈自己的薪金要求，结果，试用期一过，他因出色的工作能力被正式录用，薪水也令人满意。

愚者错失机遇，智者善抓机遇，而成功者要勇于丢下面子去抢夺机遇，不要慨叹命运的不公，如果你认为自己有资格能得到某样东西，就应该丢下面子，把它紧紧地抢抓在手里，不要让它轻易流失。

显而易见，面子是交往中不可回避的重中之重。尤其是一些无关紧要的事，你更要懂得给人留足面子。也就是说，给人面子是联络感情的最好方法；而伤了别人的面子，最终受伤的也只能是自己。对于明智的人来说，即使自己会做得很好，也绝不逞一时之强，做使他人面子难堪的蠢事。

“服务员！你过来！你过来！”顾客高声喊着，指着面前的杯子，气愤地说，“看看！你们的牛奶是坏的，把我一杯红茶都糟蹋了！”

“真对不起！”服务员赔不是地笑道，“我立刻给您换一杯。”

新红茶很快就准备好了，碟边跟前一杯一样，放着新鲜的柠檬和牛奶。服务员轻轻放在顾客面前，又轻声地说：“我是不是能建议您，如果放柠檬，就不要加牛奶，因为有时候柠檬酸会造成牛奶结块。”

顾客的脸一下子红了，匆匆喝完茶便走出去了。

有人笑问服务员：“明明是他土，你为什么不直说呢？他那么粗鲁地叫你，你为什么不还他一点颜色看呢？”

“正因为他粗鲁，所以我要用婉转的方式对待；正因为道理一说就明白，所以用不着大声！”服务员说，“理不直的人，常用气势来压人。理直的人，要用和气来交朋友！”

故事中的服务员能够做到有理让三分，不仅赢得了顾客，更提升了她的公众形象和社会地位。

事实上，给人面子并不难，给人面子实际上就是一种互助。

例如，在公开场合受到不公正的批评、错误的指责，会给自己造成被动。但你可以一方面私下耐心地作些解释，另一方面用行动证明自己。当面顶撞是最不明智的做法。

学会“给他人留面子”就等于成功了一半。凡是与他人的意见产生分歧时，试着用这么一种句式：“原来是这样啊！你说的是正确的，我经常为此而出错，不过幸好这次有你的提醒，我才不至于再犯相同的错误。依我看，这是最理想的结果。”将这些用语应用到与人交往时，没有人会不为你留情面。

2. 每个人都渴望受重视

你希望别人怎样对待你，你就应该怎样对待别人。

美国哲学家约翰·杜威说：“人类本质里最深远的驱策力就是希望具有重要性。”我们生活中的每一个人，无论他是默默无闻还是身世显赫，也无论他是文明人还是野蛮人、年轻人还是年老人，每个人都有被重视、被关怀、被肯定的渴望，当你满足了他的要求后，他就会对你重视的事物焕发出巨大的热情，并拉近与你的距离。

事实上，给人面子并不难，只要你给人光辉、给人余地，就能做到这一点。如果你为他人留足了面子，别人也就不会给你难堪，甚至会放弃自身的利益来成全你。

我国清代的红顶商人胡雪岩之所以能在官、商两道畅行无阻，有一个很重要的原因就是他了解每个人都会看重自己的心理需求，并且尽力满足他们的这种心理需求。

年关将至，各处的账目和开销要了结，胡雪岩屯积在上海的生丝必须要出手了。若与丝业世家的庞二商议妥当，就可以垄断行情，加重与洋人谈判的筹码，现在只等庞二的一句话了。

与手下的人商议起来，有人认为庞二必定会答应的，让他赚钱，何乐而不为呢？胡雪岩大摇其头，他认为，与庞二这种少爷共事，有交情，他自然会答应，交情不够就难说了。第一，他跟洋人做了多年的交易，自然也有交情，有时不能不迁就；第二，在商场上，还有面子的关系，说起来庞二做丝生意，要听我胡某人的指挥，像他这样的身份，这句话怎么肯受？

事情还是那个事情，全在于怎么说了，胡雪岩当场就教了手下的“公关”刘不才一套说辞。

刘不才闻言受教，第二天专程去拜访庞二，一见面先对他恭维一番，说他做生意有魄力、手段厉害，接着便谈到胡雪岩愿意拥护他做个“头脑”的话。

“雪岩的意思是，洋人这几年越来越精明、越来越刁，看准有些户头急于脱货求现，故意杀价。一家价钱做低了，别家要想抬价不容易，所以，想请你出来登高一呼，号召同行齐心来对付洋人，大家没有不服从您的！”

轻轻一句话，便暗中转换了概念，将胡雪岩由倡导者的地位说成随时可供庞二少爷驱策，这话不论谁听了，心里也会舒服些，合作的成功，也只是时间的问题了。

在这里，胡雪岩利用别人重视名声的心理，适时把对方推上前台，而自己甘心隐于幕后。

在与别人合作的过程中，可以不计外表的荣誉，给别人一个机会。这既是强者操纵大事的手段，也是弱者取得最大化利益的有效策略。

谦恭退让的人，大家也必然乐于与之携手。

一次，东芝公司一位业务员无意中向董事士光敏夫说了一件事情：公司有一笔生意怎么也做不成，主要是购方单位的负责人经常外出，自己多次登门拜访都扑了空。士光敏夫听了后，沉思了一会儿，然后说道：“啊，请不要泄气，待我上门试试。”

这位业务员听说董事长决定“御驾亲征”，不禁吃了一惊。他一方面担心董事长不相信自己的真实反映；另一方面担心董事长亲自上门推销，万一又碰不上那家单位的负责人，岂不是太丢一家大企业董事长的脸？他越想越怕，急忙劝说：“董事长，您不必亲自为这些具体小事操心，我多跑几趟，总会碰上那位负责人的。”他没有理解董事长的想法。

第二天早晨，士光敏夫真的带着那位业务员亲自来到那位负责人的办公室，果然没有见到那位负责人。当然，这是士光敏夫预料之中的事，他没有因此而告辞，而是坐在那里等候。

等了很久，那位负责人回来了，当他看了士光敏夫的名片后，慌忙说：“对不起，对不起，让您久候了。”

士光敏夫毫无不悦之色，反倒微笑着说道："贵公司生意兴隆，我应该等候。"那位负责人非常清楚自己企业的交易额不算多，只不过几十万日元，而堂堂的东芝公司董事长亲自上门进行洽谈，觉得十分有面子，因此，很快就谈成了这笔交易。

最后，这位负责人热切地握着士光敏夫的手说："下次，本公司无论如何一定买东芝的产品，但唯一的条件是董事长不必亲自来。"

那位陪同士光敏夫前往洽谈的业务员看到此情此景深受教育，他知道董事长此举不仅是帮他做成了一笔生意，而且教他以坦诚的态度赢得顾客。

《圣经·马太福音》中有句话："你希望别人怎样对待你，你就应该怎样对待别人。"这句话被大多数西方人视为待人接物的"黄金准则"。真正有远见的人会在与他人的日常交往中为自己积累最大限度的"人缘"，同时也会给对方留有相当大的回旋余地。给别人留面子，其实也就是给自己争里子。

3. 收敛才华，把机会留给别人

木秀于林，风必摧之。

“好为人师”本是一种单纯的行为，但是如果锋芒毕露，表现得太过优秀，则易遭人忌妒，甚至会成为自己成功路上的屏障。在现实生活中，这样的人也很多，他们虽思路活跃、说话滔滔不绝，但是总是很难得到他人的认同。

为什么会这样呢？因为这种人多数都太爱表现自己，处处表现自己的能力，而不注重身边人的感受，总是过于显示自己的优点和长处，这样的做法不仅很难获得他人的认可和敬佩，相反会取得适得其反的效果。尤其是初出茅庐的年轻人，这方面尤其应当注意。心气决定着你的形态，形态影响着你的事业。

一个博士生论文答辩之后，指导教授对他很客气地说：“说实在话，这方面你研究了这么多年，你才是真正的专家，我们不但是在考你、指导你，也是在向你请教。”

博士生则再三鞠躬说：“是老师指导我方向，给我找机会。没有老师的教导，我又能怎么表现呢?”

本来，能赢得指导教授的肯定和赞美是一件多么值得骄傲的事啊，但博士生没有因此得意扬扬，而是谦逊地感谢导师，无疑，这种得体的表现会赢得众教授的好感，于他只会有益而不会有害。

才华是一个人成功的基础，一个有才华的人能得到更多的表现机会，而一个能力微弱的人，即使张扬自己的能力也很难取得成功。

柳楣相貌出众、活泼大方，然而令人不解的是她在单位里的人缘却不是很好，原来她“太爱表现自我”了。上司来了解情况时，她总是抢着发言，次次都成了她和上司的单独对话，剥夺了其他同事交流的机会。大伙在一起聊天时，只能听她一个人说，或者只能谈她所感兴趣的话题，否则她就不感兴趣、不耐烦或干脆走人。上司在场或有能露脸的任务时，她就抢着去表现自己，而上司不在场或有一些不起眼的小事时，她就敷衍了事，能躲就躲。

其实，每个人从内心深处来说都有“爱表现”的因素。如果一个人过分自私，只顾表现自己，并且还把别人表现的机会都抢走，处处以自己为“主角”，把他人当“观众”，那么，这台戏是唱不了多久的。

俗话说，木秀于林，风必摧之。如果一个人表现得太突出、太优秀，就容易引起他人的忌妒。老子曾说过“良贾深藏财若虚，君子盛德貌若愚”，是说商人总是隐藏其宝物，君子品德高尚，而外貌却显得愚笨。这句话告诉人们，必要时要藏其锋芒、收其锐气，千万不可不分场合、不分时间地点地将自己的才能让人一览无余。

当然，隐藏锋芒并不是说做什么事情都不要锋芒毕露，适当表现一下，偶尔露一下锋芒，可以给上司、同事留下一个良好的印象。但是一定要把握好度，为人处世不可做得太绝。不要急于提意见，千万别越位，要懂得先保护自己、收敛锐气等待时机，切忌以自我为中心。

有一位学者曾有过这样的一番妙论：“你有什么可以值得炫耀的吗？你知道是什么原因使你没有成为白痴的吗？其实不是什么了不起的东西，只不过是你甲状腺中的碘而已，价值并不高，才 5 分钱。如果别人割开你颈部的甲状腺，取出一点点的碘，你就变成一个白痴了。在药房中，5 分钱就可以买到这些碘，这就是使你没有住在疯人院的东西——价值 5 分钱的东西，有什么好谈的呢？”越是有涵养、稳重的成功人士，态度越谦虚，相反，只有那些自以为有所成就的人才会骄傲。美国石油大王洛克菲勒曾说：“当我从事的石油事业蒸蒸日上时，我晚上睡前总会拍拍自己的额角说：‘如今你的成就还是微乎其微！以后的路途仍多险阻，若稍一失足，就会前功尽弃，切勿让自满的意念侵吞你的脑袋，当心！当心！’”这就是告诫人们要谦虚，尤其是稍有成就时应格外小心，不要骄傲。

4. 为人处世要保持低调

放低姿态是一种处世之道，是一种聪明之举。

在现今的社会中，为人处世，跟人打交道，只要稍微有一点点处理不当，就有可能会给自己带来很多麻烦，造成工作中的不愉快，甚至会影响自己的整个人生。所以，身在职场，在跟人相处的时候，我们一定要保持低调！

据说，秦始皇兵马俑博物馆的“镇馆之宝”是一尊跪射俑。在出土、清理和修复的1000多尊各式兵马俑中，只有这尊跪射俑保存得最为完整，未经人工修复，仔细观察，就连俑身上的衣纹、发丝都还清晰可见。这尊跪射俑何以保存得如此完整呢？其实是得益于它自身的低姿态。兵马俑坑是地下通道式土木结构建筑，一旦棚顶塌陷、土木俱下时，高大的立姿俑自然首当其冲，而低姿态的跪射俑受到的损害却很小。另外，跪射俑呈蹲跪姿，右膝、右足、左足3个支点呈等腰三角形，完全支撑着上体，整个身体重心在下，增加了稳固性，这与两足站立的立姿俑相比，避免了倾倒、破损。所以，秦始皇兵马俑中的跪射俑在经历了2000多年的岁月后，依然完整地呈现在我们面前。

放低姿态是一种处世之道，是一种聪明之举，也是人生的成功招术。它可以让你避开无谓的纷争，可以更好地保护自己、发展自己、成就自己。正如老子所说，当坚硬的牙齿脱落时，柔软的舌头还在，这就说明柔软胜过坚硬，无为胜过有为。

刚刚步入社会的学子缺乏历练，没有经验，单靠一些豪言壮语的“激情”，无疑是“螳螂当道，不自量力”。放低姿态，一来可以避免树大招风，使自己快速地融入到社会中去，能够与人和谐相处；二来可以使自己在暗中积蓄力量，不显山、不露水地悄然潜行，让别人不知你的虚实，你就可成就自己的事业。

《周易》中说：“君子藏器于身，待时而动。”无此器最难，而有此器，却不思无此时，则锋芒对于人只有害处，不会有益处。额上生角，必触伤别人，不磨平触角，别人必将力斩，角被折断，其伤必多。锋芒是额上的角，既害人又害己。

身在职场，我们每一个人都会有优于别人的时候。当你在工作中取得一些或大或小的成绩时，你是否会有一种优越于人的感受？是否会随着成绩的增长，自信心也暴增？总感觉自己与众不同，甚至高人一等，时不时地想表现一下自己的能力？如此的高姿态，即便你是无意的，别人总能够从你不经意的言语或行为中感受到你的傲慢，你会因此而大量地消耗掉自己的很多精力。如果是这样，你将会因此而失去很多的人脉关系。而如果凡事采取低姿态，遇到问题多向周围的人请教，遇上任务成功完成或业绩有成，最好是将功劳归于大伙儿。特别是对同事和上司，一定要保持谦虚的态度，降低人家对你的妒意。即使当你像坐直升机一样，权势一天比一天大时，请仍然保持与旧同事的关系，抽时间与他们在一起。谈话时更不能自己翻那些成功史。即使同事阿谀一番，也当是耳边风好了，或者索性说："那绝非我的功劳，这与公司全体人员的努力都分不开。"

如果你总能够以低调的态度面对人生，即便是在自己取得显著的成绩时，依然能够放低自己、放下身段，以平常心去和别人交往，看到别人的长处，承认自己的不足，你就能够为自己积蓄更多的职场能量。当你需要帮助的时候，别人会毫不犹豫地伸出援助之手，在你困惑的时候，会有人主动为你指点迷津。

第 6 章　让三分口惠与人，智者不争小隙

俗话说：“百样米养百样人。”在现实社会中，不可能人人的价值观念与处世方式都与我们合拍，要成大事，就要有容人之量，让人三分，就能减少不必要的摩擦。

1. 莫争辩，朝着自己的目标前进

不要争论，因为你不可能赢得每场争论。

有一种人，反应快、口才好、心思灵敏，在生活或工作中和同事有利益或有矛盾冲突时，往往能充分发挥辩才，把对方辩得哑口无言。

在辩论会、谈判桌上，这种人也许是人才，但在日常生活和工作场合中，这种人反而会吃亏，因为日常生活和工作场合不是辩论场，也不是会议场和谈判桌，你面对的可能是能力强但不善言辞，或是能力、口才都不是很强的人，你辩赢了前者，并不表明你的观点就是对

的，更何况多了一个对立面；你辩赢了后者，也只能凸显你是个好辩的人罢了，对你们的相处毫无益处。

而一般常见的情形是：人们虽然不敢在言语上和你交锋，但对的事情大家心知肚明，反而会同情“辩”输的那个人，你的意见并不一定会得到支持，而且别人因为怕和你在言语上交锋，只好尽量回避你。如果你得理还不饶人，让他没有台阶下，那么这对你来说绝对不是好事。

每一个人都相信自己才是真理的拥有者，为此，他们常常争论不休，但他们却不知道，言辞是很苍白无力的，它很少能说服他人改变立场，就算是口若悬河的诡辩家也挽救不了自己的命运。所以说，逞口舌之利是毫无意义的，不但不能改变别人的立场，反而把自己逼上绝路，一个明智的人应该学会以间接的方式证明自己想法的正确性。

智者认为：“你绝对赢不了任何争论。”想想吧，如果在争论中你输了，自然是输了自己的观点，无话可说；即使是你赢得了争论，可是对方却会因此而认为你这个人性格太张扬，不易接近和相处，以后会因此而疏远你，更严重的还可能觉得你让他丢了面子、输了自尊。是一场小小的争论重要，还是长远的良好友谊重要呢？这就是因小失大的例子。

有一天，孔子的一个学生在门外扫地，来了一个客人问他：“你是谁啊？”他很自豪地说：“我是孔先生的弟子！”客人就说，“那太好了，我能不能请教你一个问题?”学生很高兴的说：“可以啊!”他心想：你大概要出什么奇怪的问题吧?

客人问：“一年到底有几季啊?”学生心想，这种问题还要问吗?

于是便回答道：“春夏秋冬四季。”客人摇摇头说：“不对，一年只有三季。”“哎，你搞错了，四季!”“三季!”

最后，两个人争执不下，就决定打赌：如果是四季，客人向学生磕三个头。如果是三季，学生向客人磕三个头。孔子的学生心想自己这次赢定了，于是准备带客人去见老师孔子。正巧这时孔子从屋里走出来，学生上前问道：“老师，一年有几季啊?”孔子看了一眼客人，说：“一年有三季。”这个学生快吓昏了，可是他不敢马上问。客人马上说：“磕头磕头!”学生没办法，只好乖乖磕了三个头。

客人走了以后，学生迫不及待地问孔子：“老师，一年明明有四季，您怎么说三季呢?”孔子说：“你没看到刚才那个人全身都是绿色的吗?他是蚂蚱，蚂蚱春天生，秋天就死了，他从来没见过冬天，你讲三季他会满意，你讲四季吵到晚上都讲不通。你吃亏，磕三个头，无所谓。这个故事不管是真是假，对我们都非常管用。只要你会用，你可以多活十年!我有很多朋友听我讲了这个故事后，变得很开心，碰到都跟我说，以前看到那些不讲理的人会生气，现在不会了，心想那是“三季人”，就不往心里去了。

不争就是慈悲，不辩就是智慧，不闻就是清净，不看就是自在，原谅就是解脱，知足就是放下。

人都喜欢好胜，但如果我们硬要争出个胜负成败的话，即使你取得了口头上的胜利，并不一定能够达到你要的目的。人都喜欢谦和的人，如果你能以谦和的态度对待别人，就会把事情处理好。

林肯说过："一个成大事的人，不能处处计较别人，消耗自己的时间去和人家争论。无谓地争论不但有损自己的性情，且会失去自己的自制力。在尽可能的情形下，不妨对人谦让一点。与其跟一只狗一起走，不如让狗先走一步。如果给狗咬了一口，你即使把这只狗打死，也不能治好你的伤口。"

2. 别陷入“以自我为中心”的旋涡

会说话的人，在交际中总会避开“我”字，而用“我们”开头。

在人际交往中，很多人都喜欢谈论自己，高谈阔论自己的经验、心得以及让他们感到骄傲的东西。

可是，当你在交际场上对自己感兴趣的事情或自己的爱好滔滔不绝的时候，会让对方感觉到谈话乏味无聊，以致不能产生良好的谈话气氛。

因为，人们最感兴趣的就是谈论自己的事情，而对于那些与自己毫不相关的事情，众多的人觉得索然无味，对于你自己有浓厚兴趣的事情，不仅常常很难引起别人的兴趣，而且还令人觉得无奈。因为在你看来是充满了喜悦的事情，在他人看来也许是人之常情的事情，是无可炫耀的。

在人际交往中，人们都喜欢谈论自己的事情，那么，就应该竭力忘记你自己，不要总是谈你个人的事情，而尽量去引导别人说他自己的事情，这是使对方高兴的最好方法。你以热诚的心去听他叙述，就一定会给对方以最佳的印象，并且对方会热情欢迎你、热情接待你。

晓荞是保险促销员，一次，她去拜访一位大客户——某公司的经理冯先生。见面之后，晓荞先对自己公司的险种做了大体说明，使冯先生有所了解。但是，冯先生在听的过程中几次都哈欠连连。

就在这时，晓荞发现冯先生背后的书橱里放着许多关于《论语》方面的书，并且办公桌的案头也有一本《论语》。于是晓荞眼前一亮，找到了突破口。晓荞说："冯先生是不是对中国的古典文化非常感兴趣，尤其是《论语》，您应该有高妙的见解吧？"

本来昏昏欲睡的冯先生听到晓荞谈到《论语》，一下就来了精神，说："嗯，我对《论语》非常感兴趣，对某位主播讲的《论语》有的地方是赞同的，有的地方也是有保留意见的。"

晓荞顺势说："其实，我也看过'百家讲坛'中某位主播讲的《论语》，但是我研究不多，听不出某位主播讲的还有不对的地方！如果有时间还希望冯先生您能不吝赐教。"

冯经理马上被吸引了过来，一下子有了兴致，和晓荞讨论开来。而且，在讨论的过程中，两个人简直就是相见恨晚，保单也顺利地签了，晓荞还和冯经理成了朋友。

这个故事从心理学的角度来看，非常容易解释，一般情况下，当人们遇到自己感兴趣的话题，就会投入十二分的热情；但是，如果对话题没有丝毫兴趣，即使对方热情高涨，自己也会昏昏欲睡。

如果你在说话过程中不管听者的情绪或反应，只是一个劲儿地提到我如何如何，那么必然会引起对方的反感。如果改变一下，把“我的”改为“我们的”，这对你并不会有任何损失，只会获得对方的好感，使你同别人的友谊进一步地加深。

比如，我们经常看到记者这样采访：“请问我们这项工作……”或者：“请问我们厂……”经常发现演讲者使用“我们是否应该这样”、“让我们……”等表达方式。这样说话能使你觉得和对方的距离接近，听来和缓亲切。因为“我们”这个词，也就是要表现“你也参与其中”的意思，所以会令对方心中产生一种参与意识。

《福布斯》杂志上曾登过一篇“创造良好人际关系的一剂药方”的文章，其中有几点值得借鉴：

(1) 语言中最重要的5个字是：“我以你为荣!”

(2) 语言中最重要的4个字是：“您怎么看?”

(3) 语言中最重要的3个字是：“麻烦您!”

(4) 语言中最重要的2个字是：“谢谢!”

(5) 语言中最重要的1个字是：“你!”

(6) 那么，语言中最次要的一个字是什么呢？是“我”。

亨利·福特二世描述令人厌烦的行为时说：“一个满嘴‘我’的人，一个独占‘我’字、随时随地说‘我’的人，是一个不受欢迎的人。”

因此，会说话的人在语言传播中总会避开“我”字，而用“我们”开头。

10月革命刚刚胜利的时候，许多农民怀着对沙皇的刻骨仇恨，坚决要求烧掉沙皇住过的宫殿。

别人做了许多工作，农民都置之不理，坚持非烧不可。最后，列宁亲自出面做说服工作。列宁对农民说：“烧房子可以，但在烧房子之前，我们大家一起来思考几个问题可以不可以？”“当然可以。”农民说。列宁问道，“沙皇住的房子是谁造的？”农民说，“是我们造的。”列宁又问，“我们自己造的房子，不让沙皇住，让我们自己的代表住好不好？”农民齐声回答，“好！”列宁再问，“那么这房子我们还要不要烧呢？”农民觉得列宁讲得好，于是同意不烧房子了。

谈话如同驾驶汽车，应该随时注意交通标志，就是说，要随时注意听者的态度与反应。如果“红灯”已经亮了仍然往前开，闯祸就是必然的了。

因此，多用你认为如何？通常你是怎样处理这个问题的？你能举一个例子吗？等等，如果你能暂时放弃自我，提出对方感兴趣的话题，引导对方发表见解，才能更好地与对方建立良好的关系。因为有兴趣就有感情，有了感情什么事也就都好办了。

3. 保持谦逊，做到得意而不忘形

炫耀有时就像是鸦片，会让你上瘾，最后失去做人的本性。

当一个人事业有成或加官晋爵之时，当然是应该值得庆贺的，但这种庆贺应适可而止，切忌得意忘形，特别是在言辞上切忌高谈阔论。因为在你的身边难免少不了有一些失意的人们，如果在他们面前不注意言辞，很容易引起对方的反感。如果是在失意的朋友面前，则更要注意自己的言行了，只有在言辞上低调，才能融入到朋友之中，从而更好地保护自己。

行走于社会之中，当你有了得意之事，一切都备感顺利时，都不应该在失意的人面前高谈阔论，要体谅他们的心情。因为处于失意之中的人对一切都很敏感，即使你的无心之语，也有可能会引起对方的不适，伤害了对方的自尊。

有一次，一位先生约了几个朋友来家里吃饭，这些朋友彼此都是熟识的。他们聚拢来主要是想借着热闹的气氛，让一位目前正陷入低潮的朋友心情好一些。

这位朋友不久前因经营不善，关闭了公司，妻子也因为不堪生活的压力，正与他谈离婚的事，内外交困，他实在痛苦极了。

来吃饭的朋友都知道这位朋友目前的遭遇，大家都避免去谈与事业有关的事，可是其中一位朋友因为目前赚了很多钱，酒一下肚，就忍不住开始谈他的赚钱本领和花钱功夫，那种得意的神情，在场的人看了都有些不舒服。那位失意的朋友低头不语，脸色非常难看，一会儿去上厕所，一会儿去洗脸，后来他便提早离开了。

一出门，他便愤愤地说："老赵会赚钱也不必在我面前说得那么神气。"

人人都会经历人生的低谷，人人都会遇上不如意的时候，这时，在失意的人面前炫耀自己的得意之处，无异于把针一根根地扎在别人心上，既伤害了别人，对自己也没有什么好处。

其实，每个人都有一种逆反心理，都会自然而然地在心中对你的高谈阔论不屑一顾。如果你有优点，最好由别人去发现，而不是自我卖弄。许多人都有一种虚荣的心理，比如在无意中获得了一件心爱的宝物，或办成了一桩得意的事情，往往爱在人前炫耀一番。这种炫耀有时未必是好事。

有了好东西就和大家一起分享，把自己拥有的好东西露给别人看一看，把自己的得意之事说给别人听听，本来也没有什么大不了的。但是，如果得意的心理太炽热，想听奉承和赞美之话的渴望太强烈了，人就陷入了过于“炫耀”之歧途。而这种炫耀有时就像是鸦片，会让你上瘾，最后失去做人的本性。

英格丽·褒曼在获得两届奥斯卡最佳女主角奖后，又因在《东方快车谋杀案》中的精湛演技获得最佳女配角奖。然而，在她领奖时，她一再称赞与她角逐最佳女配角奖的弗伦汀娜·克蒂斯，认为真正获奖的应该是这位落选者，并由衷地说：“原谅我，弗伦汀娜，我事先并没有打算获奖。”

褒曼作为获奖者，没有喋喋不休地叙述自己的成就与辉煌，而是对自己的对手推崇备至，极力维护了对手落选的面子。无论是谁，都会十分感激褒曼，会认定她是倾心的朋友。一个人能在获得荣誉的时刻，如此善待竞争对手，如此与伙伴贴心，实在是一种文明典雅的风度。

在人际交往中，你的一言一行都要考虑对方的感受，学会安抚对方的心灵，不可以由于自己的原因使对方的心理失去平衡，给对方造成伤害。与此同时，自己的心灵也会因此而安然自慰，有一个好心情。

每个人都想被评价得高一点。明知不可谈得意之事，却情不自禁地大谈特谈。但是完全不谈得意之事也是不可能的，但同样是谈得意之事，不妨注意一下谈的方式，至少在别人未谈得意之事时，自己也不要谈。也就是说，单方面大谈得意之事不雅，所以先让对方发表演讲之后，那种坏印象也就淡薄了。所以聪明的人就会先赞扬对方：“您的见闻广博，请您介绍一下好吗？”促使对方谈自己的得意之事，然后若无其事地说，“我也知道这样的事。”如此这般，穿插自己的得意之事。聪明的人在与人交谈时一定会注意到这个细节。

聪明的人切忌在失意人面前谈论得意之事。所以，当你处于顺境、春风得意时，与人交谈一定要考虑到对方的心情，以免无意中伤害了别人的自尊心。面对失意者不说得意事，敬人又敬己，做一个谦逊有礼的人，这样才能赢得别人长久的尊敬。

4. 摘掉你的“放大镜”

水至清则无鱼，人至察则无徒。

做人固然不能玩世不恭、游戏人生，但也不能太较真、认死理。“水至清则无鱼，人至察则无徒”，太斤斤计较，就会对什么都看不惯，连一个朋友都容不下，把自己同社会隔绝开。镜子很平，但在高倍放大镜下，就成了凹凸不平的山峦；肉眼看似很干净的东西，拿到显微镜下，满目都是细菌。试想，如果我们“戴”着放大镜、显微镜生活，恐怕连饭都不敢吃了。再用放大镜去看别人的毛病，恐怕那家伙罪不可赦、无可救药了。

美国的乔布斯和沃兹是“苹果Ⅱ”微电脑的开发者，他们的一个重要的合作者是马克库拉。其实，最初赏识乔布斯和沃兹两位年轻人的并不是马克库拉，而是乔布斯的老板介绍来的一个名叫唐·瓦尔丁的人。

当唐·瓦尔丁来到乔布斯的家中，看见乔布斯穿着牛仔裤，散着鞋带，留着披肩长发，蓄着大胡子，不管怎样看都不像是一位企业家。于是，唐·瓦尔丁就把这两位奇怪的年轻人介绍给了另一位风险投资家马克库拉先生。

马克库拉原来是英特尔公司的市场部经理，对微电脑十分精通。他并没有被乔布斯和沃兹的样子“吓坏”，而是先考察了乔布斯和沃兹的“苹果Ⅱ”样机。最后，马克库拉问起了关于“苹果Ⅱ”电脑的商业计划，而乔布斯和沃兹只精通于技术，对商业买卖一窍不通，所以二人面对马克库拉的提问，一下子面面相觑，说不出话来。但马克库拉并没有因此失望，而是决定和这两位年轻人合作，并出任董事长。

唐·瓦尔丁就因为对乔布斯和沃兹的外表形象过于求全责备，而丧失了一个有可能是他一生中最重要的成功机会。而马克库拉却与他相反，没有对乔布斯和沃兹求全责备，而是与他们进行了深度的接触了解，所以他成功了，他抓住了人生中重要的机会。

俗话说：“一样的米，养百样的人。”你周围和你发生联系的人在性格、爱好、学识、生活习惯、思维方式以及家庭环境等各个方面都不尽相同，要和不同的人保持正常的交往就不能总用一个标准去衡量人。但是，人们总是习惯于把自己置于关键的地方，端着高标准的大尺子横着量、竖着测，并以此挑剔交往对象。这样不仅对他人形成片面认识，还容易忽视自身的缺陷。

李新和石旭大学毕业后，应聘到同一家公司，由于两人年龄相近，说话又很投机，很快就成了一对好朋友。两人无话不谈，亲如兄弟，很是令旁人羡慕。可随着时间的流逝，李新却发现自己越来越受不了石旭了：李新有时会看一些言情、武侠之类的小说，石旭就说那是低俗读物，应该多看一些高尚的书籍；李新希望星期天看看足球联赛，石旭却偏要拉他去钓鱼，说是可以修身养性……两人之间的友谊渐渐出现了裂痕。不久之后发生的一件事，终于让两人成了陌路人。那天李新陪几个同事上街去买书，回来的时候车上特别挤，李新糊里糊涂地忘记买票，就被挤下来了。李新也没太当回事，就和同事开玩笑说："得，咱也逃了回票！省两元钱买根冰棍吃。"就是这么一件小事，却传到了石旭耳朵里，他觉得李新的品德出了问题，就找到李新，冷嘲热讽了一顿，最后还说："我可真有福，认识了你这么一个'光荣'的朋友！我都替你觉得丢人！"听完了这番话，李新再也忍不住了，他跳起来一边收拾自己的东西，一边骂道："我告诉你，我也不稀罕和你交朋友，自以为了不起，看别人什么都不顺眼，有你这种哥们儿是我瞎了眼，我这就搬走，不敢让你丢人了，从今以后，咱们谁也不认识谁！"李新搬到了其他同事那里，怨气难消，以后再也不理石旭了。当初的一对好朋友，现今形同陌路。

其实，人人都有自尊心和好胜心。在现实生活中，对于一些非原则问题，我们为什么不显示出较高的素质让人三分，显示出宽容豁达的君子风度呢？可有的人就是不这么想，对一些小小的鸡毛蒜皮之事争得不亦乐乎，非得说到点子上，谁都不肯甘拜下风，说着就较起真来，以至于非得决一雌雄才算罢休，结果是大打出手，或是闹得不欢而散，导致朋友、同事结怨，甚至反目成仇。

人非圣贤，孰能无过。与人相处就要互相谅解，经常以“难得糊涂”自勉，求大同，存小异，有度量、能容人，你就会有许多朋友，且左右逢源、诸事遂愿；相反，斤斤计较、认死理、过分挑剔、容不得人，人家也会躲你远远的，最后，你只能关起门来“称孤道寡”，成为使人避之唯恐不及的异己之徒。古今中外，凡是能成大事的人都具有一种优秀的品质，就是能容人所不能容，忍人所不能忍，善于求大同、存小异，团结大多数人。他们极有胸怀，豁达而不拘小节，大处着眼而不会目光短浅，从不斤斤计较，纠缠于非原则的琐事，所以他们才能成大事、立大业，使自己成为不平凡的伟人。

一个人生活在人世间，就避免不了磕磕碰碰，对于一些非原则性问题，给对方一个台阶，满足一下对方的自尊心和好胜心，不但朋友、同事之间的友情得到加深，而且还显示出你的胸襟之坦荡、修养之深厚。而这正是交友素质高低的一个体现。

下篇

争的未必会得到，让的未必会失去

有一些事情，表面上看来是获得、是胜利，但是从整体、长远看来却是损失。所以说一个人不光要有竞争的激情，也要有与人为善、团结一切可以团结的力量的心胸。这就要求我们能够自如地把握好自己发展的节奏，在面临人生关口的时候做出恰如其分的选择。

第7章 泰山不让土壤，河海不择细流，是一种让

这个世界充满了竞争与挑战，也充满了激情与欢乐。要与人携手打拼，没有容人之量、让人之心是不可想象的。宽容是人生的一种智慧，一个拥有宽容美德的人，能够对那些在意见、习惯和信仰方面与他不同的人表示友好和接受。

1. 常含宽容之心，广交朋友

有容乃大，这是一种非凡的气度、宽广的胸怀，是对人、对事的包容和接纳。

中国有句俗话叫“得饶人处且饶人”，在现实生活中，大家难免会出现摩擦和冲突，如果谁也不礼让，得理不让人，倨傲蛮横，这种

态度不但不能让对方认识到自己的错误，相反，会因此激怒对方，产生更大的冲突。聪明的人以宽容的态度对待别人的过错，让别人自己意识到错误，给别人台阶下的同时，也为自己赢得了尊重与信赖。

第二次世界大战期间，一支部队在森林中与敌军相遇，激战后，两名战士与部队失去了联系，这两名战士来自同一个小镇。

两人在森林中艰难地跋涉，他们互相鼓励、互相安慰。十多天过去了，仍未与部队联系上。一天，他们打死了一只鹿，依靠鹿肉又艰难地度过了几天，也许是战争使动物四散奔逃或被杀光，这以后他们再也没看到过任何动物。他们仅剩下的一点鹿肉背在年轻战士的身上。这一天，他们在森林中又一次与敌人相遇，经过再一次激战，他们巧妙地避开了敌人。

就在自以为已经安全时，只听一声枪响，走在前面的年轻战士中了一枪，幸亏伤在肩膀上。后面的士兵惶恐地跑了过来，他害怕得语无伦次，抱着战友的身体泪流不止，并赶快把自己的衬衣撕下来包扎战友的伤口。

晚上，未受伤的士兵一直念叨着母亲的名字，两眼直勾勾的。他们都以为他们熬不过这一关了，尽管饥饿难忍，可他们谁也没动身边的鹿肉。天知道他们是怎么过的那一夜。第二天，部队找到了他们。

事隔30年，那位受伤的战士安德森说："我知道谁开的那一枪，他就是我的战友。当时在他抱住我时，我碰到他发热的枪管。我怎么也不明白，他为什么对我开枪？但当晚我就宽容了他。我知道他想独吞我身上的鹿肉，我也知道他想为了他的母亲而活下来。此后 30 年，我假装根本不知道此事，也从不提及。战争太残酷了，他母亲还是没有等到他回来，我和他一起祭奠了老人家。那一天，他跪下来，请求我原谅他，我没让他说下去。我们又做了几十年的朋友，我宽容了他。”

宽容不是迁就，也不是软弱，而是一种充满智慧的处世之道。用宽容宽恕别人，也为自己创造了一个融洽的人际环境，这种化诅咒为祝福的智慧确实令人惊叹。

宽容是人生的一种智慧，是建立人与人之间良好关系的法宝。一个拥有宽容美德的人，能够对那些在意见、习惯和信仰方面与他不同的人表示友好和接受。宽容不仅对你的个人生活具有很大的价值，而且对你的事业也有重要的推动意义。一个人经历一次宽容，就可能会打开一扇通向成功的大门。借助宽容的力量，你可以实现自己伟大的梦想，成就自己的事业。

宽容的人更具有人格魅力，更易于搞好人际关系。卡耐基是美国著名的成功学家，在他的著作中曾写道：通过对全球 120 位成功人士的调查发现，他们都有一个共同的特点，就是能搞好人际关系。而正是因为他们有一颗宽容的心，所以人际关系才会那么好。

古人说，满招损，谦受益。一个人只有具备“海纳百川，有容乃大”的心态，才能处处为别人着想、将心比心、设身处地、宽容别人，这样才会得到更多人的理解和支持，才会拥有更为辉煌的事业。

有容乃大，这是一种非凡的气度、宽广的胸怀，是对人、对事的包容和接纳。对别人的释怀，也即是对自己的善待。宽容的心态，是一种生存的智能、生活的艺术，是看透了社会人生以后所获得的那份从容、自信和超然。

《管子·形势解》中载："海不辞水，故能成其大；山不辞土，故能成其高；明主不厌人，故能成其众。"

总之，宽容是一种高尚的品德，是人际关系的润滑剂，是一个人成功的前提。在现实生活中，我们应该养成一种宽容的习惯，用宽容豁达去缔造我们的人生。

2. 培养“乐群性”，结束“孤军奋战”

合作可以产生一加一大于二的倍增效果。

21 世纪是一个合作的时代，合作已成为人类生存的手段。因为科学知识向纵深方向发展，社会分工越来越精细，人们不可能再成为百科全书式的人物，每个人都要借助他人的智慧完成自己人生的超越，于是这个世界充满了竞争与挑战，也充满了合作与快乐。

一个人的能力是有限的，只有善于与人合作的人，才能够弥补自己能力的不足，达到自己原本达不到的目的。比如，一个医术高明的外科医生，必须有几个好助手或技术熟练的护士配合，才能完成高难度的手术。所以，一个人如果缺乏与他人合作的精神与能力，不仅在事业上不会有所建树，甚至连适应社会都会感到困难，以致产生抱怨与畏难情绪。

王雪红一手创立的台湾威盛集团，其 2003 年的年收入已突破 600

亿元。她的事业版图延伸到世界各地，这几年在中国大陆的发展尤其明显。

庞大的企业王国，便让才40多岁的王雪红多年蝉联台湾女企业家的首富。虽然她是台湾著名商人王永庆的女儿，早期创业也得到父亲的支援，但是王雪红早已跳出父亲的光环，自创新局。

王雪红于1981年毕业于柏克利大学，拿到经济硕士学位。现在她的手下是清一色的男性专业经理人，并且许多是能力非凡的工程师。这些得益于她有识人之明，并且真正做到授权，充分发挥手下人的才智。

威盛的陈文琦、林子牧，都是加州理工学院电机硕士，他们自创公司却与股东理念不合，失意时被王雪红发现，加入她购买的一家美国公司VIA。陈文琦规划策略，王雪红负责市场，林子牧在美国掌研发，铁三角打造出今天的威盛。

随着一个接一个下属企业的创立，王雪红事业的版图清楚成形。王雪红就是一位懂得合作的聪明女人，她靠的就是充分发挥下属的智慧、利用下属的智慧，成为今天的台湾第一女首富。

能力有限是我们每一个人的问题。只要有心与人合作，善假于物，那就有可能避免这个缺陷。如果能取人之长补己之短，而且能互惠互利，那么合作的双方都能从中受益。通过别人实现自己的愿望是一种智慧，虽然不可能每个人都能达到这一点，但每个人都可以与他人合作，携手做出更大的事业。

哲学家威廉·詹姆士曾经说："如果你能够使别人乐意和你合作，不论做任何事情，你都可以无往不胜。"唯有善于与人合作，才能获得更大的力量，争取更大的成功。

小艾是一个小城的青年女演员，不但人长得漂亮，而且演技好，也很有表演方面的天赋，刚刚在电视上崭露头角。为了进一步提高自己的知名度，她非常需要一家公共关系公司为她在各种报刊上刊登宣传文章，但是她没有钱，也没有机会。

后来，经朋友介绍，她认识了王经理。王经理曾经在一家很有实力的公共关系公司工作过多年，不仅熟知业务，而且也有较好的人脉。几个月前，他自己开办了一家公关公司，并希望能够打入有利可图的公共娱乐领域。但是到目前为止，一些比较出名的演员、歌手因为对他的公司不熟悉，都不愿与他合作。

小艾与王经理相识后，认为自己的机会来了，但是在王经理那边，总因为小艾还是新人而犹豫着是否要在她身上投资。于是，小艾找王经理进行了一次长谈。她详尽地向王经理描绘了一番合作的美好前景，提示王经理"不要让我们的机会白白溜走"。于是，小艾成了王经理新公司的形象代理人，而王经理则为小艾提供出头露面所需要的经费。这样，小艾不仅不必为自己的知名度花钱，而且随着名声的扩大，也使自己在业务活动中处于更有利的地位。而王经理也借助小艾的名气变得出名了，很快就有一些有名望的人找上门来。二人各取所需，合作达到了最高的境界，他们的合作关系也因此变得更加牢固。

合作可以产生一加一大于二的倍增效果。据统计，诺贝尔获奖项目中，因协作获奖的占2/3以上。在诺贝尔奖设立后的前25年，合作奖占41%，而现在则跃居80%。所以说，没有完美的个人，只有完美的团队。

当今社会的结构方式决定了孤军奋战的劣势。要想攻克难关，就必须要有合作意识和团队精神。如果你能够使别人乐意与你合作，不论是工作还是生活，你都会有所成就。奥地利著名的心理学家阿德勒先生说过："我们的最大目标就是：在我们居住的地球上，和我们的同类合作，以延续我们的生命。假使每个人都能独立自主，都能以这种合作的方式来应付其生活，那么人类社会的进步必然是无止境的。"

那么，身在职场，如果不善沟通和合作，无论做什么工作都是一个人费劲地摸索，最后的结果很可能是死路一条。明智且能获得成功的捷径就是充分利用团队的力量，一个聪明优秀的职场人，必然是具有高度合作意识的人。如果你想在职场中大展拳脚，就要努力提升自己的团队合作意识，争取成为一个职场强人。

3. 忌妒心太强，能让你陷入绝境

不要忌妒，因为它是既害人又害己的恶魔。

忌妒的起因是我们发现别人比我们做得更好，别人比我们拥有得更多。一个人的忌妒心一旦久了，便容易有过激的行为，这对于人的成长来说不啻于一个毒瘤。

忌妒的杀伤力远超过我们的想象，每当心中怀着一股忌妒之火时，伤害最大的便是忌妒者自己。诚如莎士比亚所说：“一个生性忌妒的女子所产生的毒害较疯犬有过之。”

传说古希腊时代，有一位体育选手得到了冠军，家乡的人都感到非常荣耀。他们开会决定要建造一个铜像来纪念这个冠军，只是有一个人强烈反对。由于少数服从多数原则，铜像最终还是建好了。后来，那个反对者因为忌妒，每晚都偷偷地用铲子去铲铜像的脚跟。终于在一天晚上，他的愿望实现了——铜像倒下来了，但巧得很，铜像正压在他自己身上，这人也因此一命呜呼。

故事告诉我们一个教训：不要忌妒，因为它是既害人又害己的恶魔。

其实，忌妒之心人人皆有。心怀忌妒的人，常常会将自己所忌妒之人的优点全部“扼杀”，通常体现在排挤别人，甚至是毁灭别人，但这样做的结果往往是自己不得善终。昔年庞涓忌妒孙膑，最后身败名裂；周瑜嫉妒诸葛亮，最后被三气而亡，临死前还不无遗憾地感叹：“既生瑜，何生亮?”这些都是因为过度地忌妒，不能合理地调节、控制自己，做出伤害别人的行为，同时也给自己造成了巨大的心理负担。而能容人之人，则是知耻而后勇，看到与自己所忌妒的人之间的差距，以所忌妒的人为榜样、为目标，扬长避短，择其善而从之，见其恶而避之，自己努力改进，迎头向上，积极地将忌妒心理转化为进取的动力，不会让忌妒使自己的心理不平衡。

有一位名叫卡莱尔的书店经理在无意中发现了一封店员对他极尽辱骂讽刺的信，说他是个差劲的经理，希望副经理能马上接替他的职务。卡莱尔读了这封信以后，就带着信跑到老板的办公室里。他对老板说：“我虽然是一个没有才能的经理，但我居然能用到这样的一位副经理，连我雇用的店员们都认为他胜过我了，我对此感到非常自豪。”卡莱尔一点儿也没有忌妒，只是为自己用了那样能干的副经理而感到自豪。

后来，他的老板不但没有撤换他，反而重用他了。卡莱尔真是一个心胸宽广的人，他对比自己能干的人非但毫不忌妒，反而大加肯定，为别人感到高兴，这种人的精神着实可嘉。最终他还是得到了老板的信任。

所以我们要学会合理地利用自己的“忌妒心”，不让虚荣和忌妒肆意蔓延。学会客观评价自己，胸怀大度，宽厚待人，切忌虚荣自大。将适度的“忌妒心”化作不断超越和拼搏的动力，这种明智的做法才能让人获得人际的和谐以及事业的成功。

狐狸与葡萄的故事大家都熟知，狐狸很聪明，把吃不到的葡萄说成是酸的。它奋斗过了，尽了全力，还是吃不到葡萄，这就证明它不具备把葡萄摘下来的本领，在这种情况下，放弃葡萄去寻找新的目标无疑是明智之举。吃不到的葡萄就把它看成是酸的，是一种人生状态的改变，而不是简单的放弃，这样就可以在把自己的心情调节到快乐的状态后，将所有的精力放到自己的长处上，促使自己努力奋斗，取得属于自己的成功，从而得到满足、战胜忌妒，让生活充满快乐。

4. 点滴情谊，汇聚成海

人都是有感情的，人人都难逃脱一个“情”字。

中国素来是一个礼仪之邦，讲究情义又是中国人的一大特点，而这一特点也成了人们最大的弱点。自古以来就有“生当陨首，死当结草”、“女为悦己者容，士为知己者死”的说法，这些说法都验证了这一特点。因此，聪明的人从不吝啬自己的感情，而是善于付出自己的真诚，提高自己的人气指数。

乔彬应聘进了一家合资企业。乔彬妻子的父亲因急病住院那天，他向洋老板请假一天，老板得知其请假的缘由后再三表示，不必担心目前工作多人手少的问题，可以多放几天假，在医院多照顾老人。一次，乔彬的妻子和儿子均生病住院，过度地劳累致使乔彬在一次工作时间内睡着了，洋老板为此十分生气，叫其卷铺盖回家。而当他得知乔彬睡觉的原因后则自责不已：“我脾气不好，请您原谅我。”并“命令”乔彬立刻放下所有的工作回家料理家务、照顾妻儿。3天后，乔彬来单位工作时，洋老板送给他一辆漂亮的童车，唯恐他不接受，就撒谎说："这车是朋友送给我的，现转送给您，节假日里，希望您偕妻子一道，用这辆车带孩子出去玩玩，并请接受我这个美国老头子对您全家的良好祝愿。"乔彬闻之早已泪水盈眶，自此，他与洋老板的关系越处越好，更加"死心塌地"地工作。

人都是有感情的，人人都难逃脱一个"情"字。但要想获得别人的感情，首先自己要多付出。尽管在当今社会，由于生活节奏的加快，人与人之间的关系较之以前稍显淡漠，但是"人情生意"却从未间断过。要想办事顺利，就要提前准备筹划，为自己储备一点人情。

如果你想获得成功，就应该想方设法获得周围人的支持和帮助。而只有你真诚地对待别人，对方才会与你真诚合作。真诚是一种习惯，善待他人也是一种习惯。请记住这句话，善待他人也就是善待自己！

重视他人，并赢得他们的心，才能够为自己的事业打造出坚实、协调的人际关系基础，否则的话，他们很可能会成为我们事业上的绊脚石，影响我们前进的步伐。

人与人之间的关系非常重要，它甚至决定着我们的事业乃至人生的成败。一定要处理好人际关系，学会重视每一个人，并善待他们。在一个人最艰难的时候，任何人都有可能成为他的救星。因此，要学会理解别人，了解他人的心理感受，这样才能"得道多助"。

第 8 章 秀林新叶催陈叶，流水前波让后波，是一种让

我们要向前辈学习，为后来者引路，摆正自己的位置，更大限度地发挥专长。正所谓“帮助别人往上爬的人，会爬得最高。”你越是善于帮助别人，你自身的收获就越多。

1. 不要“这山望着那山高”

在茫茫的职业大海中，要找到自己的位置，寻回属于自己的一叶舟。

人贵有自知之明。生活中，经常有人“这山望着那山高”，对自己和别人缺乏正确的估价，总喜欢与人盲目地比处境，只看到自己的处境不好而看不到自己能力的不足，羡慕别人的光环却看不见别人的

艰苦奋斗与优点长处，结果是越比越泄气、越比越没劲。其实，许多时候，适合别人的地方未必适合自己。

在河的两岸分别住着一个和尚与一个农夫。和尚每天看着农夫日出而作，日落而息，生活看起来非常充实，令他相当羡慕。而农夫也在对岸，看见和尚每天都是无忧无虑地诵经、敲钟，生活十分轻松，令他非常向往。因此，在他们的心中产生了一个共同念头："真想到对岸去！换种新生活！"

有一天，他们碰巧见面了，两人商谈一番，并达成交换身份的协议，农夫变成和尚，而和尚则变成农夫。当农夫来到和尚的生活环境后，这才发现，和尚的日子一点儿也不好过，那种敲钟、诵经的工作看起来很悠闲，事实上却非常烦琐，每个步骤都不能遗漏。更重要的是，僧侣刻板单调的生活非常枯燥乏味，虽然悠闲，却让他觉得无所适从。于是，成为和尚的农夫在每天敲钟、诵经之余都坐在岸边，羡慕地看着在彼岸快乐工作的其他农夫。

至于做了农夫的和尚重返尘世后，痛苦比农夫还要多，面对俗世的烦扰、辛劳与困惑，他非常怀念当和尚的日子，因而他也和农夫一样，每天坐在岸边，羡慕地看着对岸步履缓慢的其他和尚，并静静地聆听彼岸传来的诵经声。

这时，在他们的心中，同时响起了另一个声音："回去吧！那里才是真正适合我的生活！"

每个人都有自己存在的价值，你也许羡慕别人的生活比你快乐，你也许认为他们的日子过得比你好，然而，你看过他们生活中的另一面吗？我们总是习惯于羡慕别人，但很少有人想到羡慕自己。只有懂得羡慕自己的人，才是真正值得羡慕的人！

一个人来到这个世界上总有许多值得别人羡慕的地方，即使处在人生的低潮亦是如此。一个人事业受挫了，但他还有成功的机会；一个人下岗了，但他还有健康的体魄，一切可以从头开始。和那些更不幸的人相比，这一切太值得羡慕了，也太应该珍惜了。不必羡慕别人的美丽花园，因为你也有自己的沃土，也许你的花不如别人的漂亮、名贵，但是你的花可能给人类提供更多观赏以外的价值，这便是别人的花所没有的优势。

在茫茫的职业大海中，要找到自己的位置，寻回属于自己的一叶舟。它可能很小，但也会载你乘风破浪，让你体会惊涛骇浪的险境，体味成功的酸甜。若你伏在岸边，选择不定，你会错过大船，你也会错过小船，最终只能在海中挣扎几下，而消失在深不可测的海底。看清自己、了解自己，不要低估，也不要夸大，客观地评价，正确地选择自己的方向。做好自己，你便是一道美丽的彩虹，海水会为你汹涌，鸟儿会为你唱歌。

大学毕业的小顾，刚开始为找工作奔波了好长一段时间，起初他见几个跑业务的同学业绩不凡，赚了不少钱，学中文专业的他便找了家公司做业务员，然而辛辛苦苦跑了几个月，不但没赚到钱，人倒瘦了十几斤。同学们分析说："你的能力不比我们差，但你的性格内向、言语木讷、不善交际，因此不太适合跑业务……"后来小顾见一位在工厂做生产管理的朋友薪水高、待遇好，便动了心，费尽心力谋到了一份生产主管的职位，可是没做多久，他就因管理不善而引咎辞职。之后，小顾又担任过公司的会计、餐厅经理等职位，终因各种原因被迫离职跳槽。经过这么多挫折后，小顾痛定思痛，汲取了前几次的教训，不再盲目地追逐高薪或舒适的职位，而是依据自己的爱好和特长，凭借自己的中文系本科学历和深厚的文字功底应聘到一家刊物做了文字编辑。这份工作相比以前的职位虽然薪水不高，工作量也大，但小顾却做得非常开心，工作起来得心应手。几个月下来，他就以自己突出的能力和表现令领导刮目相看、器重有加。

人才就好比在天上飞的鸟、水中游的鱼，只有找到了自己的位置，才能发挥自己的专长。每个人都有自己的优缺点，找到自己，就是找到自己才能的最佳突破口。"橘生淮南则为橘，生于淮北则为枳"，在适合自己的岗位上虫能变龙，在不适合自己的岗位上龙也能变成虫。

一个有才华的人，会比常人更快地抵达梦想的彼岸；但一个有才华的人，如果选错了人生发展的方向，那么，他就会与成功背道而驰。因为有时才华不等于成功。篮球飞人乔丹成名前到一家二流职业棒球队打棒球，成绩一般，只好悻悻而归。可见，只要在适合自己的位置上发挥自己的优势，做好自己，就是莫大的成功。

2. 不苛求，做好分内事

想成为将军，首先要做一个好士兵。

年轻人普遍欣赏拿破仑的这句话：“不想当将军的士兵不是好士兵。”但很少有人深究这句话潜在的含义：你怎样当上将军？必须比绝大多数士兵更优秀、更勇敢，必须舍生忘死地战斗，建立令人炫目的功绩。所以，拿破仑的话不仅是鼓励部下瞄准未来，更是激励他们着眼于现在，其言外之意是：你想当将军，首先要做一个好士兵。

姜宇是一名库管员，刚刚参加工作的时候，对很多零部件都不认识，入库、出库速度特别慢，不但丢三落四还经常出错。为了搞清楚零部件的种类和作用，下班后，姜宇特意到生产组装车间观察生产线的装配工作，请生产线的主管给他讲解各种零部件的作用、合格零部件与不合格零部件的主要区别……一段时间后，姜宇不但熟悉了2000多种零部件的品名、形状、不同供应商的零部件规格和使用特点，还记住了每种零部件的库区、库位，工作效率大大提升了。其他部门的同事一致称赞姜宇工作细、取料准、速度快、头脑清楚。库管员总计有4个人，一般进料和领料的人都愿意找姜宇。很多人都认为这份工作不怎么重要，可是姜宇却乐此不疲。

工作半年后，姜宇发现库存中明明有很多积压的零部件，按前5个月的平均用量计算至少还可以满足生产车间6个月的使用，供应商却不断地送货……针对这个问题，姜宇在完成每天必做的工作之外，还细心地收集了很多数据，查询了很多有关库存管理的条例和流程，然后把收集到的数据资料整理分类，进行分析，将“降低成本、减少库存”的建议提交给了直属主管王经理。

后来在公司开展全员“节能增效”的活动中，王经理把这份建议书上交给公司老总。老总没想到这个平常毫不起眼的小小库管员会对公司如此关心。而姜宇的建议，大部分都得到采纳。

在年终大会上，姜宇被任命为零部件库的主任。

在工作中，愿意把小事做细的员工最终会脱颖而出。因为，企业更愿意选择踏实肯干、责任感强、积极主动并善于思考的新人。持之以恒地完成简单任务、做好“小事”，会让你在普通人群中脱颖而出，领导才会放心地委以重任。而那些急功近利、心浮气躁，连芝麻绿豆大的事都做不好的人，怎么可能担当重任呢？换个角度去思考，如果你是领导，你也会做同样的选择。

《菜根谭》上说：“嚼得菜根，百事可做。”只有把小事做好，在小事中不断积累经验，培养踏实果断的工作作风，才能在做小事中提高自己的工作水平。英国谚语也说：从一滴水中可以看出整个世界，在做小事当中就可以看出一个人的工作能力和作风。大事不是天上掉下来的，只有做好小事，在小事中不断积累，当做大事的机会出现时，方能有所准备、有的放矢。

当你在为公司工作时，无论老板安排你在哪个位置上，都不要轻视自己的工作。小事情其实正是大事业的开始，既然接受了这个职业、接受了这个岗位，就必须接受它的全部。如果一个接线员不忍受工作的烦琐，他能成为一个合格的接线员吗？

海尔总裁张瑞敏说："什么是不简单，把每一件简单的事情做好就是不简单。什么是不平凡，把每一件平凡的事情做好就是不平凡。"很平实的语言，却包含有很深刻的哲学道理。大家都知道"不积跬步，无以至千里；不积小流，无以成江海"的道理，可就是很难把每件小事都做好、做实、做对，究其根源，还是素养、品质上的不足。如果你真的想要成功，就一定要克服志大才疏、眼高手低、好高骛远的坏毛病，从身边的每一件小事做起。每一个所谓的"大事业"都是由许多小事构成的，每一个"大事业"也都是从小事做起的。

也许我们所做的每一件事都很小，也许我们取得的成绩也很小，但只要我们认真对待每一件小事，为每一次小小的进步而欢呼，有一天你会发现，小事会慢慢地变成大事，小小的进步也会变成一次飞跃。如果你真的想要成功，就千万别看不起身边的小事，就一定要摆正心态从身边的小事做起。

3. 尊前辈，敬后辈

新员工要以敬重、真诚的态度对待老的资深同仁。

著名的成功学大师卡耐基说："一个人事业的成功，只有15%是由于他的专业知识和技能，而85%则依靠他的人际关系和处世技巧。"如果我们要想在工作和生活中顺遂如意，单靠勤勤恳恳地埋头苦干是不够的，来自周围人的支持与认可，绝对是一个人最佳的成功助力。

刘茜毕业于一所国内知名大学，专业是计算机编程，由于成绩优秀，所以在大四的时候就被一家进入校园招聘的软件开发公司相中了。毕业之后，刘茜顺利地进入了这家公司，成为了一名技术助理。

由于刘茜工作认真努力，专业技术又十分过硬，所以很快便得到了顶头上司的赏识。入职3个月后，恰逢一位工程师离职，刘茜便顺理成章地顶替了他的职位，成为了一名正式的工程师，同时她也成为全公司升职最快的技术助理。从那以后，刘茜对工作更加认真负责，成功地为公司研发出了好几款软件程序，也因此得到了上司的加倍赞赏。

刘茜的性格比较直爽，属于心直口快的那种人。平时和办公室里的同事处得都不错，但唯独对上司的助理于娜有些看不惯。她认为于娜没什么本事，也没有任何实权，只会附和上司的建议，而且总是仗着上司的信任“狐假虎威”，平时对同事常常摆出一副颐指气使的模样。所以，刘茜并不将她放在眼里，有时候还故意找碴将她呼来唤去。

不久之后，公司决定在研发部内部提升一位工程师担任副经理的职位。刘茜由于平时的业绩很突出，而且人际关系也不错，自然成了最热门的人选，刘茜也认为自己的胜算很大。但是，让所有人都出乎意料的是，获得晋升的却是部门内的另一名工程师，这位工程师虽然在公司的资历比刘茜深，但无论从工作业绩还是人际关系上都比刘茜稍有逊色。这样的结果，让所有人都大惑不解。

刘茜自然很失望，而且也很不服气，所以她去找上司，想为自己讨一个说法。但上司却“顾左右而言他”地跟她打了一通官腔，说了许多诸如“这都是公司高层的决定”、“你还年轻，还有的是机会”之类的话。刘茜在上司那儿碰了个“软钉子”，也不好发作，所以只好忍下了这口气。

过了一阵儿，刘茜也想通了，自己年轻，又有实力，确实还有许多机会。于是，她放下了思想包袱继续努力工作。但是，从那以后，她突然发现上司不再像原来那样经常对她赞赏有加了，有时候，即使她很出色地完成了一款软件的开发，也换不来上司的一句夸奖。而且上司还有意无意地暗示她：要懂得尊重企业的资深员工，应当向他们学习工作经验，有的工作问题并非依靠自己的知识就能解决。面对上司的改变，刘茜有些摸不着头脑，更无法获知其中的原委。直到几个月之后，她才从一个离职的同事那里得知，原来当初自己晋升失败，以及上司对她的改观都是因为上司的助理于娜经常在上司面前给她“做醋”，说她恃才自傲、对资深员工不尊重，等等。刘茜很纳闷地问那位同事，为什么上司如此相信于娜的话？同事告诉刘茜说，于娜跟随上司已经多年，早在上司还在其他公司的时候，于娜就是他最忠心的下属。

直到此时，刘茜才知道，原来那个不被自己放在眼里的助理竟然有这般“能耐”，为此她深感后悔。

每个新人走入职场都希望好好做事，发挥能力，与同事处好关系，但新人常犯的错误是容易孤立地看问题，只注重眼前的事，却不能将人或事与整个系统的平衡和目标联系起来，放在系统的背景下去考虑。换言之，新员工只有系统地看问题，才能处理好新、老员工的关系。

因此，不管你才干如何，初到新的环境，必须要有“莫扰乱该地生态圈”的认知。具体的做法，不外乎“客气、谦虚、内敛”6字。

谦逊低调的人不会装模作样、摆架子、盛气凌人，能够虚心向大家学习，了解身边同事的情况。新员工要以敬重、真诚的态度对待老的资深同仁。

作为一个初入职场的新人，尤其是在历史较久的公司，往往有元老级同事，元老的资格是不容易得到的，他们工作的年限长，所担任的职务高，在公司中始终是重心所寄托的人物。元老的工作经验比他人丰富，在这个公司中，他们更是一部活的历史，一切过程，他们知之最详，往事历历，如数家珍：某事如何成、某事如何败，此中曲折无不明晰，而一种事业的演变以及如何演变成功以致有现在的局面，自有一连串的因果关系，以后的形势如此，不难于在演变中得其梗概。元老不但是一部活的历史，也是今后工作的指南针。

假如你想到某个地方，想对某种事有所改进，谁知你所提出的方案正是他从前实施过的，行不通的理由何在，也唯有元老能够根据经验做出分析和解说，虽然他们主张比较缓和，而他们稳健、老成持重，这个特点唯元老当之无愧。基于这种特点，对于元老的指示，你要表示诚敬地接受，使元老对你产生好印象，然后你才可以从他们那里获得很多宝贵的经验、指示和方向，这些经验是书本上所学不到的，如果要亲自去摸索，那须花上几十个春秋。

如果你能取得元老的信任，而且元老也能信任你，就很容易得到同事的认同和老板的器重，只要你真有才能，有真实的成绩拿出来，机会一到，自然能一跃而起。

4. 时刻为他人着想

助人者，助己者也。

帮助别人就是强大自己，帮助别人也就是帮助自己，别人得到的并非是你自己失去的。在一些人的固有思维模式中，认为要帮助别人自己就要有所牺牲，别人得到了自己就一定会失去。比如你帮助别人提了东西，你就可能耗费了自己的体力，耽误了自己的时间。其实很多时候帮助别人并不意味着自己吃亏。如果你帮助其他人获得他们需要的东西，你也因此会得到想要的东西，而且你帮助的人越多，你得到的也就越多。

《圣经》里也有一句话，值得我们牢记一生："助人者，助己者也。"——帮助别人，就是帮助我们自己。

有个故事能给大家带来启发。

一个人被带去参观天堂和地狱，他先去魔鬼掌管的地狱，看到的情景令他十分吃惊：每人面前都有丰盛的佳肴，却没有音乐，更没有一张笑脸。尽管他们都坐在酒桌旁，但是人人都无精打采、皮包骨头。他发现每人的左臂都捆着一把叉，右臂捆着一把刀，刀叉的把手有4尺长，使他们无法进餐，因此人人都在挨饿。

然后，他又去天堂，布置完全一样，刀叉的把手也是4尺长，然而天堂的居民却都在唱歌、欢笑。这位参观者困惑了一下，终于知晓了答案。地狱里的每个人都试图喂自己，结果根本吃不到东西。天堂里的每个人都在喂对面的人，因为互相帮助，结果帮助了自己。

对一个人来讲，搬开别人脚下的绊脚石，有时恰恰是为自己铺平道路；送出去的是娇艳的玫瑰，留给自己的却是满身的芳香。

“土帮土成墙，人帮人成王”，要想人爱己，必先己爱人。

其实，每个人的能力都有一定限度，善于与人合作的人能够弥补自己能力的不足，达到自己原本达不到的目的。有一句名言：“帮助别人往上爬的人，会爬得最高。”如果你帮助一个孩子爬上了果树，你因此也就得到了你想尝到的果实。而且你越是善于帮助别人，你能尝到的果实就越多。

第9章 把方便让给别人，把困难留给自己，是一种让

主动去做那些繁重的、需要付出心力的事情，是一种胸怀，同时也得到了磨砺自己的机会。任何成大业者光是心高气盛还远远不够，必须从低处做起。不要局限于眼前的一人一事，更不要计较得失，任何一次体验都是财富！

1. 每天多付出一点点

年轻人应该把眼光放长远一点，应当有远大的志向，才可能成为杰出的人物。

很多人工作的时候喜欢敷衍了事，做一天和尚撞一天钟，从来不愿多做一点儿，但到了玩乐的时候却是兴致万丈，得意的时候春风满面，领工资的时候争先恐后。他们似乎不懂得工作要付出努力，总想

避开工作中那些棘手与麻烦的事，希望轻轻松松地拿到自己的工资，享受工作的益处和快乐。

工作可以给我们带来金钱，可以让我们拥有一种在别处得不到的成就感。但有一点不应该忘记，丰厚的金钱和巨大的成就感是与付出辛劳的多少、战胜困难的大小成正比的。

其实，只要你有付出，就一定有获得，获得的不多，表示付出不够，想要得到更多，你必须付出更多。人生就是一个追求卓越的过程，你只需今天比昨天多付出 1%，每天进步一点点，就会踏上走向卓越的道路。也许你可能不相信，从“差不多过得去的员工”到变成一位“优秀员工”，其实只需要你每天多付出一点点。然而，你却会因此得到很多，你的生活以及整个人生也许都会因此而发生改变。

工作中，我们一定要有这样的想法：如果自己想要在竞争中胜出，那一定要在众人中脱颖而出，做到与众不同，不但要在工作中尽职尽责地做好本职工作，还应该把自己职责以外的工作多做一点，让老板知道，聘用自己是没错的，这样自然给自己创造了比别人更多的机会。

小于大学毕业以后到一家广告公司工作。当时公司正在为商家筹备一场大型的公益活动，每一个员工都很忙，老板更没有时间给小于安排具体工作。于是他成了不折不扣的“万金油”，策划部、设计部、市场部、客服部……哪里需要他就去哪里，他毫无怨言，而且把前辈们交代给他的每一样工作都尽自己所能做到尽善尽美。

的确，小于做的工作很琐碎，给同事买饭、订车票，给客户送设计效果图……这些事情，表面上看都不是他该做的工作，然而小于认为，只要是公司需要的，每一件工作都是有意义的。只要是工作，做了就一定会有收获。由于他的用心和努力，每一个给他指派工作的前辈对他都非常欣赏。

两年后，因公司发展的需要，要在上海成立分公司，小于被提拔为分公司的副总经理，许多员工都不理解资历如此浅的他为什么能被老板委以重任。最后老板的一番话让大家翻然醒悟："两年来，小于接触过公司所有的业务，而且每一项工作都做得近乎完美，尽管那些工作很细微。我想，能把小事做得如此完美的人，一定不会忽略做大事的每一个细节。如此认真、敬业，并且熟悉公司全部业务的人，公司再也找不到第二人选了。"

一分耕耘一分收获，有付出就会有收获。但是大多数人不明白"多做一些"的真正意义。一个优秀的员工，不仅能尽心尽力地做好自己的本职工作，而且还找机会做自己分外的事情，做自己本职以外的工作，通过做这些工作，我们会积累多方面的经验，认识更多人，还可以受到更多人的关注，这样离成功就更近了。

年轻人应该把眼光放长远一点，应当有远大的志向，才可能成为杰出的人物。光是心高气盛还远远不够，必须从最低级的事情做起。

不要局限于眼前的一事一人，更不要计较得失，任何一次体验都是财富。在做一些具体事情的过程中，我们不知不觉中就学到了很多东西，认识到自身的一些不足，知道哪些方面需要弥补。

许多成功的人都知道，要想使自己平凡的工作不再平凡，只要做到超过别人所期望你做的，就会很容易如愿以偿。这种“额外”的工作可以使你拥有更为广阔的视野和经验，与此同时也会获得更多的机会。

一位著名的企业家说过：“除非你希望在工作中超过一般人的平均水平，否则你便不具备在高层工作的能力。”

其实，做事情的过程就是我们学习的过程，这个过程除了使我们自身的能力得到提高外，更重要的是训练和培养自己强烈的进取心。如果你被认定是一个积极、有重要贡献的人，你就会备受欢迎。同事们会重视你，老板会欣赏你，如果你能保持这些优点，你的老板也会肯定、奖励你。虽不能一夕成功，却也绝无永远失败的顾虑。

2. 敷衍了事只会误了自己

用心工作，最大的受益者是自己；敷衍工作，最大的受害者也必定是自己。

职场上有那么一些经常偷懒或者变相偷懒的员工，常常对工作敷衍了事，能推就推，能混就混。殊不知，敷衍了事的人不只是工作起来效率较低，自己阻碍了自己发展和进步的道路，而且还会给人们留下做事情不负责任、消极被动、工作粗心大意的坏印象，从而很难获得上司的信任和重用，自然也就无法获得同事的尊重。所以，敷衍工作实在是摧毁理想、自我懈怠、阻碍自己前进的大敌。

用心工作，最大的受益者是自己；敷衍工作，最大的受害者也必定是自己。大部分人总是在渴望自己能得到提升，能得到加薪，但却在工作中依旧抱着为老板打工，只是完成任务，甚至敷衍、马虎的工作态度。似乎他们并不知道职位的晋升是建立在忠实履行日常工作、用心做好每一件事的基础上的。只有尽职尽责、尽善尽美、用心做好目前的工作，才能使你获得价值的提升。

但是，在现实工作中，有很多员工只知道抱怨单位或领导，却不反省自己的工作态度，似乎根本不知道被单位重用是建立在认真完成工作并有许多实际成绩和贡献的基础上的。他们整天应付工作，并发出这样的言论："何必那么认真呢?""说得过去就可以了。"结果，他们失去了工作的动力，不能全身心地投入工作，更不能在工作中取得斐然的成绩，最终，聪明反被聪明误，失去了本应属于自己的机会。

认真工作才是真正的聪明，因为认真工作是提高自己的最佳方法。你可以把工作当作你的一个学习机会，从中学会怎样处理业务和进行人际交往。这样不但可以获得很多知识，还为以后的工作打下良好的基础。认真工作的员工不会为自己的前途操心，因为他们已经养成了一个良好的习惯，到任何单位都会受到欢迎。相反，在工作中投机取巧或许能让你获得一时的便利，但却在心灵中埋下隐患，从长远来看，是有百害而无一利的。

一位哲学家说过："不论你手边有任何工作，都要用心去做。这样，你每天才会取得一定的进步。"只有把自己的工作做得比别人更完美、更迅速、更正确、更专注，调动自己全部的智力，从失败中找出新方法，这样才能引起别人的注意，才能使自己有发挥本领的机会，从而满足心中的愿望。所以，不论月薪是多么微薄，都不该轻视和鄙弃自己目前的工作。

杨凡在一个文化公司上班，与其他员工一样，他只是一个普通的封面设计者，每个月拿固定的工资，每个月给几本杂志设计封面，如果不出大的问题，他完全可以安逸地过下去。

但杨凡与别的员工不同，当别的员工消极怠工的时候，他总是在一丝不苟地做着自己的事情，尽管这些事情未必能够为自己带来更多的薪水，但他懂得为自己工作的道理。与其上网、聊天、玩游戏如此这般的浪费时间，为什么不多思考一些问题，多学一些业务知识呢？

一般员工工作的时候只是完成老板的任务，他们想，即使设计得再好自己也捞不到什么好处，何必那么费劲呢？而杨凡却不这么认为，他觉得虽然捞不到物质上的好处，但能够得到业界的认可、得到读者认可，这才是最重要的。在这样的观念影响下，杨凡为公司很多好书、畅销书做了很多富有创意的封面设计，为公司带来了很大的经济效益和社会效益。尽管杨凡的工资一直没有上涨，但他并不后悔，同事都认为杨凡这样做太不值得了。

突然有一天，公司的老总上调，由于匆忙，不可能向社会公开招聘本公司的总经理，他前思后想，最终把总经理的位置给了杨凡。这时候，同事都说杨凡值了，因为他以前为公司赚的钱现在都成为自己赚的了！试想一下，如果杨凡和其他员工一样也抱着为老板工作的消极态度，那么他现在的结果会有这么好吗？

所以，不要总是抱怨你的公司，抱怨它给你的待遇太差，然后就不认真工作，或者认为是在给老板工作，因而敷衍了事。实质上我们是在为自己工作，为我们以后的道路做铺垫。认识到我们是在为自己工作，意味着自我负责和自我激励。一个人仅仅自己对自己负责，自己激励自己还远远不够，还要树立为工作负责、为社会负责的道德品质，才能掌握自己的命运。这是最根本的问题。如果我们不愿意自己对自己负责任，不愿意自己督促自己进步，那将不会再有任何力量能使我们在这个社会上站稳脚跟了。

3. 挑战困难，提升自我价值

踏踏实实地做下去是实现任何目标唯一的聪明做法。

人们常常埋怨社会埋没人才，其实，由于缺乏信心和勇气，自卑、懒惰、安于现状、不思进取、自我埋没的现象也是相当普遍的。如果我们能多给自己一点鼓励，多一点信心、勇气、干劲儿，多一分胆略和毅力，就有可能使自己身上处于休眠状态的潜能发挥出来，创造出连自己也吃惊的成功来。

齐瓦勃是美国第三大钢铁公司伯利恒钢铁公司的创始人。他出生在美国乡村，只受过短暂的教育。15岁那年，一贫如洗的齐瓦勃到一个山村做了马夫。然而雄心勃勃的齐瓦勃无时无刻不在寻找着发展的机遇。3年后，齐瓦勃来到钢铁大王卡耐基所属的一个建筑工地打工。一踏进建筑工地，齐瓦勃就表现出了高度的自我规划和自我管理能力。当其他人都在抱怨工作辛苦、薪水低并因此而怠工的时候，齐瓦勃却一丝不苟地工作着，并且为以后的发展开始自学建筑知识。

一天晚上，同伴们都在闲聊，唯独齐瓦勃躲在角落里看书。那天恰巧公司经理到工地检查工作，看了看齐瓦勃手中的书，又翻了翻他的笔记本，什么也没说就走了。第二天，公司经理把齐瓦勃叫到办公室，问："你学那些东西干什么?"齐瓦勃说："我想我们公司并不缺少打工者，缺少的是既有工作经验，又有专业知识的技术人员或管理者，对吗?"经理点了点头。不久，齐瓦勃就被升任为技师。打工者中，有些人讽刺挖苦齐瓦勃，他回答说："我不光是在为老板打工，更不只是为了赚钱，我是在为自己的梦想打工，为自己的远大前途打工。为了前途，我们只能在工作中不断提升自己，我要使自己工作所产生的价值远远超过所得的薪水，只有这样我才能得到重用，才能获得发展的机遇。"抱着这样的信念，齐瓦勃一步步升到了总工程师的职位上。25 岁那年，齐瓦勃做了这家建筑公司的总经理。后来，齐瓦勃终于建立了属于自己的伯利恒钢铁公司，并创下了非凡的业绩，真正完成了从一个打工者到创业者的飞跃，成就了自己的事业。

决心获得成功的人都知道，进步是靠一点一滴地不断努力得来的。例如，房屋是由一砖一瓦堆砌成的，足球比赛的最后胜利是由一次一次的奔跑、争抢、射击累积而成的，商店的繁荣也是靠着一个个的顾客在不停地购物过程中形成的，所以每一个重大的成就都是一系列的小成就累积成的。

踏踏实实地做下去是实现任何目标唯一的聪明做法。对于那些刚开始做自己事业的人来讲，不管被指派的工作多么不重要，都应该将其看成“使自己向前跨一步”的好机会。有时，某些人看似一夜成名，但是如果你仔细看看他们过去的历史，就知道他们的成功并不是偶然得来的，他们早已投入无数心血，打好坚固的基础了。

成功是什么？成功就是一种超越自己的渴望，成功就是别人付出五分的努力，而你却付出了十倍、百倍、千倍。在这个世界上，天生的高手并不多，比你强的人也不多，那些人为什么能成功，关键就在于他们比普通人多了一份勤奋刻苦和坚持不懈，最终他们成就了卓越的人生。

第10章 风物长宜放眼量，一时得失勿计较，是一种让

主动给予是一种明智的、积极的交往方式。给予带给我们的将是一个美好的人际交往世界。

1. 放远眼光，不要斤斤计较

“忍耐”是一种磨炼、一种考验，是一个人克己的功夫。

在社会上行走，其实“忍”字很重要，因为谁都不可能在任何时间和任何地点都事事如意、一帆风顺，总有些事情是没有办法解决的，所以只能选择忍耐。“忍耐”是一种磨炼、一种考验，是一个人克己的功夫，忍耐可以发挥出令人意想不到的神奇功效。

林荞是一位有着多年工作经验的财务主管，她未来的职业目标是成为总监或副总。

去年，林荞所在公司的一位负责营销的副总离职了，这对于林荞来说无疑是一次很好的机会。因为无论是从工作能力还是从工作经验上来讲，她都在销售主管之上，是公司最理想的人选。然而，出乎林荞意料之外的是，公司的老总在多方考虑之后，还是提升了销售主管。

面对这样的结果，林荞异常气愤，于是在心中便产生了跳槽的想法。她向一位在国企担任高管的前辈述说了自己心中的想法，想听听他的意见。这位前辈告诉林荞说："忍耐下来，什么牢骚都不要发，不要让这件事情影响工作，静观一段时间再做打算。"后来，林荞按照这位前辈的话，控制住了自己的不满情绪，依然像往常一样认真负责地完成工作。

其实，在公司老总的心中，也在千方百计地想办法平衡关系。特别是在老总看到林荞对此事没有任何怨言依然工作很努力时，更是觉得必须要对她有个交代。半年之后，公司老总便指派林荞去了销售业绩最好的深圳分公司，职位是副总兼分公司经理。

古人云，用争夺的方法，即使你得到了，也不可能会是你最想要的结果；但用让步的办法，你可以得到比期盼的更多，会有更大的惊喜。换言之：吃亏是福!

在每一个人的心里都有功利浮躁的一面，每一个人都有得到名誉、地位、金钱以及别人的尊重和奉承的心理需要，好像只有获得了这些，才是我们成功的标志，才能够真正体现出我们自身的价值。于是，为了尽快体现自身价值，人们就不顾一切、当仁不让，甚至急红了眼，处处争个你死我活，从而失去了别人的尊重和信赖，殊不知，这可是吃了个大亏。这些人最终得到的结果就是：不但什么便宜没占着，还失去了自己的人格和朋友，失去了发展自己、走向成功的机会。

因此，我们在做事及看问题的时候一定要有长远的眼光，要有吃亏的精神，要不怕吃亏。切记，没有人会愿意和一个斤斤计较的人做朋友，也没有人会愿意和一个唯利是图的人合作共事。害怕吃亏的人往往会吃大亏，而对于不怕吃亏的低调者来讲，吃亏就是占便宜，主动吃亏往往能够使你在不如意的时候找到一飞冲天的机会。

在2003年2月的一天，奥康集团国际贸易部与意大利客商签好了一笔订单，双方谈好产品单价为23美金，而且也签订了购销合同。可是在产品投产时，他们发现生产部门在计算成本时将皮料的价格算得过低，若按实际成本计算，每双鞋的出口价格最少还要增加一美金。意大利客商知道这个消息后，表示要严格恪守合同，并没有做出让步的准备。

双方僵持了一段时间之后，奥康集团国际贸易部负责人将这个情况汇报给了公司总裁王振滔，并询问他是否继续与外商洽谈加价，王振滔这时表示：一美金是小事，商业信誉是大事，退一步海阔天空。既然签了合同，即使亏本了，这笔买卖也要继续做下去。

这一消息后来传到了意大利客商的耳中。听说奥康主动做出了让步，意大利客商在感到意外的同时也表示很感动，于是主动提出在价格上增加了一美金。可是这一举动被奥康集团总裁王振滔婉言谢绝了。王振滔表示：奥康多赚一美金还是少赚一美金都不重要，重要的是要恪守信用。

意大利客商对奥康诚信经营的做法大为感动，他们当即决定追加订单，将原来20多万美金的订单一下子增加到100多万美金。客商表示：接下来要和奥康集团建立长期合作关系，并将在单鞋和休闲鞋方面的更多订单下到奥康来。在商界中，此事一时被人们传为美谈。

其实，有时候的以退为进，就好像是跳高一样，站得远，才可能跳得更高。在与他人交往的过程中，暂时地忍让吃亏能够获得长远的利益，关键就是要不露声色地迎合对方的需要，即把对方的利益放在第一位，又为自己的利益开道。

中国有句老话："塞翁失马，焉知非福。"事实证明，很多时候当下的吃亏未必就是坏事。更多的时候，损失蝇头小利反而会换来巨额的大利。因此，身在职场，我们一定要谨记吃亏是福的低调法则，切不可为了眼前的一己私利而落入“鼠目寸光”的俗套，为人处世时一定要有长远的眼光，否则，你就会在斤斤计较中错失获取更大收益的机会。

2. 不计眼前得失，能让则让

夫唯不争，故天下莫能与之争。

不论在工作中还是在生活中，当你的意见正确但却无法得到别人的认同时，以退为进地去说服别人，的确能起到很好的效果，因为这种方法刚开始就很容易被人接受，所以，用这种方法说服别人的话，通常都能够取得预想的效果。

富兰克林就曾经用以退为进的方法，使得宪法会议产生分歧的双方达成了一致的意见。

有一次，美国的宪法会议在费城举行。会议中，对于宪法的通过分为了赞成派和反对派，两派人员之间讨论得都非常激烈。由于会议的出席者在人种、宗教等方面的差异很大，利害关系也各不相同，所以整个会议的讨论充满了火药味和互不信任的气氛。两派人员之间的言辞都非常尖锐和刻薄，甚至还夹带着人身攻击。

在这样一种情况之下，会议的谈判面临着即将破裂的局面。这个时候，持赞成意见的富兰克林适时地站了出来，他不慌不忙地对在场的所有人员说："事实上，我对这个宪法也并非完全赞成。"富兰克林的话刚一出口，会议纷乱的情形就立即停止了，反对派的人士都用怀疑的眼光看着富兰克林。这时，富兰克林稍作了一下停顿，然后他继续说道："对于这个宪法，我并没有十足的信心，出席本会议的各位代表也许对于细则还有一些异议，不瞒各位，我此时也和你们一样，对这个宪法是否正确抱有一种怀疑的态度，我就是在这种心境下来签署宪法的……"

富兰克林的话使得反对派们无比激动和不信任的态度慢慢地平静了下来，在他们的心里已然同意了富兰克林的看法——就让时间来验证一下宪法是否正确吧！于是，美国的宪法最后终于顺利地通过了。

试想，如果富兰克林始终坚持自己强硬的态度赞同宪法的话，必然会使双方的争吵愈演愈烈，最后必然会导致会议的失败。宪法之所以能够顺利地获得通过，就在于富兰克林能够对于自己赞同的态度适可而止，反而以退为进，放弃了自己的坚持，才促成了宪法的通过，达到了自己的目的。

老子曾经说过："夫唯不争，故天下莫能与之争。"这句话的意思是，正是因为你不与人相争，所以天下才没人能够与你相争。

每逢争论之时，每一个人都会认为自己的想法是正确的。至于对方的想法呢？则往往会认为是荒谬的、完全错误的。其实不管是何种争论，每个人都差不多有正确的意见，也有不正确的想法。因而，当你与别人展开争论时，不妨对对方的某一项意见表示让步，这么一来，你必定能够在某一部分找出双方一致之处。你这样做之后，对方也会对你的某些意见表示让步。

比如，当你碰到了任何一种反对意见，你应当先自己打算着："关于这一点，我能不能在无关大局的范围中做出让步呢？"为使对方顺从你的意见，应当尽量做出"小的让步"。这时你不妨使用"是的……然而"的说话技巧。你可婉转地说："是啊，关于这一点，我同意你的意见，不过除此之外，不是还有这样的方法吗？"或者，"唔……你说得不无道理。不过，采取另一种方法，不是更好一些吗？"有时，为了避免遭到反对，甚至还可以将你的主见暂时收回一下。如果你碰到了对于你的主要意见十分反对的人，那么最聪明的方法还是把问题暂时延缓下来，不必立求解决，这样做，一方面使对方得到重新考虑的机会，另一方面使你自己也有重新决策的机会。

第 *11* 章 退一步天高地阔，让三分柳暗花明，是一种让

所谓“天时、地利、人和”，时势之争，人和为最。善为大事者，能够控制个人情感，以和谐的人际关系为最佳的做人之本。为“和谐”而让，不是失败、放弃和逃避，我们可以把它看作是积聚能量的过程，团结一切可以团结的力量，实现你的最终理想。

1. 忍常人所不能忍，方成大事

俗话说“忍字头上一把刀”，可见忍是一件令人痛苦的事，所以有句成语叫忍辱负重。

“小不忍则乱大谋”，这句话在民间极为流行，甚至成为一些人用以告诫自己的座右铭。的确，这句话包含有智慧的因素，有志向、有

理想的人，不会斤斤计较个人得失，更不应在小事上纠缠不清，而应有广阔的胸襟、远大的抱负。只有如此，才能成就大事，从而达到自己的目标。

然而，在现实生活中，经常可以看到这样的场面：因为话不投机或者为了蝇头小利而闹得面红耳赤，轻者怒目相视，重者大动干戈，事后都感到后悔不已，甚至带来不可弥补的损失，这些都是不知忍让的具体体现。

俗话说“忍字头上一把刀”，可见忍是一件令人痛苦的事，所以有句成语叫忍辱负重。人在一生之中，会遇到很多不愉快、难堪的事，有时甚至会感到气愤，会恼羞成怒，会怒火中烧，此时此刻也最能体现一个人的修养、气质和风度。

廉颇和蔺相如都是战国时期赵国的大臣。廉颇英勇善战，曾领兵攻打齐国，立下赫赫战功，被拜为大将。蔺相如原来是赵国一位宦官头目家中的门客。有一次秦昭王派人带着国书，向赵王索取价值连城的“和氏璧”，蔺相如奉命入秦，在秦王面前据理力争，怒发冲冠，终于保全了和氏璧，使之归还赵国。公元前279年，他随赵王到渑池与秦王相会，维护了赵国的尊严，使秦国没有占到便宜。由于他在强大的秦国面前表现出的大智大勇，赵王便封他为相国，职位在廉颇之上。蔺相如地位的变化，使廉颇愤愤不平。廉颇认为自己有攻城野战之功，而蔺相如却只有口舌之劳，因此扬言：“我不愿意与蔺相如同朝为官。有朝一日见到他，非给他点颜色看看不可！”廉颇存心当众羞辱蔺相如，好摆一摆自己的老资格。蔺相如对这位老将军却是一再忍让，不与他计较。

有一天，蔺相如带着随从人员外出，没想到冤家路窄，老远看见廉颇骑着战马威风凛凛地迎面过来，蔺相如忙退到小巷里躲避。这一来，在蔺相如手下做事的人都感到没面子，认为他怯懦胆小，纷纷要求离去。蔺相如留住大家，心平气和地对他们说：“诸位看廉将军和秦王相比，究竟哪一个厉害呢？”大家说：“当然是秦王厉害。”蔺相如又说，“秦王虽然强大、威风，而我却敢在秦国朝廷上当面斥责他，羞辱他的大臣。我虽然无能，也不至于害怕廉将军吧！但我想，强横的秦国之所以不敢对赵国动用武力，是因为他们知道赵国文有我蔺相如，武有廉颇将军罢了。如果我们之间闹不合，两虎相斗，必有一伤，这时秦国就会乘虚而入，造成亲者痛、仇者快的情景。我之所以对廉将军一再忍让，完全是以国家的危难为重，不计较个人的恩怨啊！”

这些话传到了廉颇那里，廉颇十分感动，羞愧难当，他立刻脱下上衣，背着荆条，主动上门请蔺相如责罚自己。蔺相如一见老将军负荆请罪，赶忙把他扶起。于是两人言归于好，同心协力保卫赵国。在渑池之会以后整整10年内，秦国一直不敢对赵国发动大的攻势。

一个有涵养、有远大志向的人，不会因为枝节问题与人发生争吵，当面对各种非原则的矛盾时，他们常常是刻意忍让、巧妙化解、平息争斗，使对手变手足，仇人变兄弟。因此，忍让是避免斗争的极好方法，对个人事业和发展也具有一定价值。

1754年，已升为上校的华盛顿率部驻防亚历山大市，当时正值弗吉尼亚州议会选举议员，有一个名叫威廉·佩恩的人反对华盛顿支持的一个候选人。有一次，华盛顿就选举问题和佩恩展开了一场激烈的争论，其间华盛顿失口，说了几句侮辱性的话，身材矮小、脾气暴躁的佩恩怒不可遏，挥起手中的山核桃木手杖将华盛顿打倒在地，华盛顿的部下闻讯而至，要为他们的长官报仇雪恨，华盛顿却阻止并说服大家平静地退回营地，一切由他自己来处理。翌日上午，华盛顿托人带给佩恩一张便条，约他到当地一家酒店会面。佩恩自然而然地以为华盛顿会要求他进行道歉以及提出决斗的挑战，料想必有一场恶斗。

到了酒店，大出佩恩之所料，他看到的不是手枪，而是酒杯。华盛顿站起身来，笑容可掬，并伸出手来迎接他。“佩恩先生，”华盛顿说，“人都有犯错误的时候，昨天确实是我的过错，你已采取行动挽回了面子。如果你觉得已经足够，那么就请握住我的手，让我们做个朋友吧！”

这件事就这样皆大欢喜地了结了。从此以后，佩恩则成了华盛顿一个热心的崇拜者和坚定的支持者。

是否可以成就一番事业，关键看你在这样的时候是否能忍一时的委屈，以一种良好的习惯来控制自己，才会有将来的成功。学会关爱别人，这是件很难做到的事，因为这是一件需要付出感情和心血的事。可正因为其难，所以人的成就才有高下之分，有大小之别。

忍人所不能忍，这需要勇气和毅力，需要拥有良好的宽容心胸和作风，同时更需要一种成事者的大家风范。年轻人要成大事，这种胸怀和作风是必不可少的，唯有如此，才会在关键时刻显出英雄本色，才能赢得人心，从而成就一番事业。

2. 学会妥协，你将收获更多

能够妥协，意味着对对方利益的尊重，意味着将对方的利益看得和自身利益同样重要。

人们常常把退让和失败、放弃、躲避等这些词联系在一起，似乎退让总带有某种贬义和消极的色彩。然而退让却包含了很多层意义，我们可以把它看作是积聚能量的过程。忍让并不是从此以后就不再进攻，相反，忍让是为了在积蓄足够的力量以后更好地进攻。

《伊索寓言》里有这么一则寓言：一天夜里，一场可怕的风暴刮过森林，许多树被吹倒了，到处是树枝。一棵长在河边的橡树被刮到水里，顺流而下。

橡树在河中漂流的时候，发现两岸依然长满芦苇，觉得很奇怪。

“你们是怎么设法活下来的?”橡树问道，“你们看上去那么纤细而脆弱，而我，一棵大树，却快要死了。”

“这没什么可奇怪的。”芦苇细声细气地说，“你仗着自己的粗壮有力，拼命抵抗，和风暴进行搏斗，结果被狂风刮断了。我们低下头给风让路，避免了狂风的冲击，对最轻微的风也屈身相让，所以我们得救了。”

这个故事是说，遇到风险时，妥协退让也许比硬拼更安全。妥协是人在群体生活当中必须学会的一种本领和技能，更是走向成功的必要保证。适当的时候，人是要学会妥协的。给别人一点儿余地，乐于接受别人不同于自己的观点，不管自己喜欢还是不喜欢，无论你处在什么样的位置，人都要在适当的时候学会必要地妥协。

尤其是在面对一些人或事情时，有勇往直前的精神和闯劲儿固然很好，但是如果不懂得妥协或迂回，恐怕很多时候不是进步更快，而是相反。因此，当遭遇绵软而越不过的篱障时，不要正面突围，采取侧面迂回，保存实力和适当妥协，那么终有一天会柳暗花明。

公元616年，李渊被诏封为太原留守，北边的突厥用数万兵马多次攻击太原城池，李渊派遣部将王康达率千余人出战，几乎全军覆灭。后来巧使疑兵之计，才勉强吓跑了突厥兵。更可恶的是，在突厥的支持和庇护下，郭子和等纷纷起兵闹事，李渊防不胜防，随时都有被隋炀帝借口失职而杀头的危险。

在当时的人们看来，李渊此时是内外交困，必然会奋起反击，与突厥决一死战。不料李渊竟派遣谋士刘文静为特使，向突厥屈节称臣，并愿把金银珠宝统统送给始毕可汗！

李渊为什么要这么做呢？原来李渊根据天下大势，已决定起兵反隋。要起兵成大气候，太原虽是一个军事重镇，但不是理想的发家基地，必须西入关中，方能号令天下。西入关中，太原又是李唐大军万万不可丢失的根据地。那么用什么办法才能保住太原、顺利西进呢？

当时李渊手下兵将不过三四万人马，即使全部屯驻太原，应付突厥的随时出没，同时又要追剿有突厥撑腰的四周盗寇，已是捉襟见肘。而现在要进伐关中，显然不能留下重兵把守，唯一的办法是采取和亲政策，让突厥“坐受宝货”。所以李渊不惜俯首称臣。

李渊的让步策略获得了大丰收：始毕可汗果然与李渊修好。后来，李渊派李世民出马，不费多大力气便收复了太原。

而且，由于李渊甘于让步，还得到了突厥的不少资助。始毕可汗一路上送给李渊不少马匹及士兵，李渊又乘机购来许多马匹，这不仅为李渊拥有一支战斗力极强的骑兵奠定了基础，而且因为汉人素惧突厥兵英勇善战，李渊军中有突厥骑兵，自然凭空增加了声势。

李渊让步的行为，不管是从名誉还是物质，虽然付出了很大牺牲，但在当时的情况下，不失为一种明智的策略，它使弱小的李家军既平安地保住后方根据地，又顺利地西行打进了关中。如果再把眼光放远一点看，突厥在后来又不得不向唐求和称臣，突厥可汗还在李渊的使唤下顺从地翩翩起舞哩！这当初的让步可谓是九牛一毛了。

能够妥协，意味着对对方利益的尊重，意味着将对方的利益看得和自身利益同样重要。在讲究平等的现代生活中，只有尊重他人，才能获得他人的尊重。

“妥协”其实是非常务实、通权达变的丛林智慧，凡是人性丛林里的智者都懂得在恰当时机接受别人的妥协，或向别人做出妥协，毕竟人要生存，靠的是理性，而不是意气。

因为妥协可以维持自己最起码的“存在”。妥协常有附带条件，如果你是弱者，并且主动提出妥协，那么可能要付出相当的代价，但却换得了“存在”：“存在”是一切的根本，因为没有“存在”就没有明天、没有未来。也许这种附带条件的妥协对你不公平，让你感到屈辱，但用屈辱换得存在、换得希望，相信也是值得的。

所以，当你碰到对你不利的环境时，千万别逞一时之强，为了所谓的“面子”和“尊严”不肯暂时低头，而与对方强拼，结果一败涂地，甚至把命都丢了；有些人虽然获得“惨胜”，却也元气大伤，哪还谈得上未来和高远的理想?

人非圣贤，对于得失荣辱，谁都难以抛开，但是，要成就大业，就得分清轻重缓急，从长计议，该忍就忍，该退就退。一时的荣辱算不了什么，只有争取获得最后的胜利才能算得上真正的英雄。

3. 换位思考，知己知彼

假如有什么成功秘诀的话，就是设身处地地替别人着想，了解别人的态度和观点。

要想使别人信服你，你首先就要真诚地尽力站在对方的立场上看事情。顺着别人的意图来，是促成与对方合作的一个前提和推动力量。如果你对别人指手画脚，有时会激起他们的逆反心理，导致事情走向你所希望的反面。而若是从对方的立场出发，将他的思路引导到你的思路上来，让他站到你所搭建的舞台上，往往会更容易达到自己的目的。

《战国策·赵策》里有一个有名的故事，讲的是触龙说服赵太后。

当时，秦国攻打赵国，赵国的形势万分危急，便向齐国求援。齐国提出要以赵太后的儿子长安君为人质方肯出兵，赵太后不肯，尽管赵国的大臣再三劝说也无效，最后赵太后发出警告："有复言令长安君为质者，老妇必唾其面。"看来事情是无法挽回了，老太后心意已决。但是赵国的左师触龙却决定说服赵太后，并且他最终成功了，使得齐国出兵救赵，赵国得以摆脱险境。

触龙之所以能成功地说服赵太后，关键在于他抓住了赵太后的“爱子”心理。面对赵太后高度戒备的心理，触龙没有直接劝说赵太后，而是从“家常话”谈起：身体状况、饭量大小等这些老年人共同关心的话题，使赵太后产生了知音之感，使她戒备的心理得以放松。接着，触龙抓住老年人爱子的共同特点，并以燕后的事例说明爱子的正确方式：若爱子必为其长远计，为长远计者不在于封侯，而在于使其立功。最后，触龙直言相劝：长安君此次出使齐国，是立功于赵国的极好机会。所以赵太后最终接受了他的观点。

看看触龙的说话策略，我们有何感想呢？触龙全然不从国家利益、君子大义等大题目着手，而是以一个熟人的角度为老太后着想，为老太后的儿子着想，更为太子以后的功业着想，这样，太后能不信任他吗？能不信服他吗？所以他才能圆满地完成任务。

从对方的立场出发，为他分析出事情的利弊，对方便会主动地按照你的思路走下去，从而达到你的目的。人的需要是各不相同的，各人有各自的嗜好、偏爱。只要你认真探索对方的真正意向是什么，特别是与你的计划有关的，你就可以依照他的偏好去应对他。你首先应当将自己的计划去适应别人的需要，然后你的计划才有实现的可能。

有时，我们可以借别人出面出力去做成我们筹划的事。以对方的眼光和情感作为切入点，引导他“变成”自己，这样，他自然会乐意爽快地“替”你把事情给办好。成功有不同的方法，有不同的思维模式，关键看你会不会转变思维，能不能站在对方的立场、角度思考问题。

第二次世界大战时，利维在美国经营一家影片进出口公司。

有一次，利维到英国去洽谈生意，伦敦的一家公司邀请他去看该公司正在研制的一种电视试播，也就是今天的闭路电视。利维一下子对这种只要是自己喜欢看的节目便可随心所欲地放映的设备产生了极大的兴趣，于是着手组织班子来研究闭路电视。

利维的新产品研制小组有3位主要专家，其中有一位叫弗兰克，他脾气很怪，性情暴躁，动辄和别人争吵，他几乎和研制组的上上下下都吵遍了，连利维也不例外。

一天，为了一个实验问题，弗兰克同研制组的另一位助手争执不下。他大动肝火，又拍桌子又摔东西，利维过去劝阻也被他大骂了一顿。正在他们闹得不可开交时，弗兰克的小女儿走进了实验室。小女儿看见她爸爸那副怒发冲冠的样子，吓得哭了起来。弗兰克见状，再也顾不上同别人吵架，赶忙跑过去，赔着笑脸哄逗她。

看到这一情景，利维心里猛地一亮，发现弗兰克虽然看谁都不顺眼，但对留在他身边的小女儿却是百依百顺，视为掌上明珠，不难看出这小女儿是他的主要精神寄托。

为了使弗兰克有充实的精神生活，利维立刻在公司附近为他租了一幢非常漂亮的房子，好让他经常和女儿生活在一起。

本来，利维手头的资金十分紧张，在这种情况下，还为弗兰克租房，使弗兰克心里很是过意不去。因此，尽管利维再三动员他搬进新居，但他坚持不搬。

利维说："搬不搬家，恐怕由不得你了。""什么?"弗兰克提高了嗓门，"我自己不愿搬，你还敢强迫我不成?""我当然不敢逼你，不过，你的千金安妮已替你做主了。"利维继续说，"她说你心境不好，容易发脾气，这会伤身的。如果她能住在附近照顾你，你就不会发脾气了。起初，我也拿不定主意，可是安妮最后还说：'爸爸多可怜呀，我不能让他再忍受孤独了。'"

听完了这番话，弗兰克的眼里充满了泪水，他最终顺从了利维的安排，搬进了新居。自此，弗兰克对利维感激不已，言听计从。

汽车大王福特说过一句话，假如有什么成功秘诀的话，就是设身处地地替别人着想，了解别人的态度和观点。因为这样不但能得到你与对方的沟通和理解，而且更为清楚地了解了对方的思想轨迹及其中的“要害点”，从而做到有的放矢、击中“要害”。

站在他人的立场上来分析他人的问题，能给他人一种为他着想的感觉，同时，这种投其所好的技巧常常具有极强的说服力。因此，我们要做到这一点，“知己知彼”是十分重要的，唯先知彼，而后方能从对方的立场上考虑问题。

4. 放低身段，保持稳重姿态

海纳百川，成汪洋之势，是因为它的势最低。

成大事者能放下身段，以和谐的人际关系与平和的心态来做事与处理问题。对于那些喧宾夺主、以“傲”自居的人，常常会因为人际关系破裂、功高盖主而被淘汰。

经过几轮面试和笔试的“轮番轰炸”，最后汪洋和另外一个女生应聘到大家都很眼红的行政部门。汪洋感觉非常好：自己有本科学历，为人敞亮，口才和反应能力都很强，综合能力好像没有人能超过。再看跟汪洋一起进来的那位叫舒丹的女生：不善言谈，与人相处还略带羞涩。

汪洋每天工作起来风风火火，工作完成得也很出色，有时对领导的决策也提出自己的看法。汪洋还特别喜欢对外联络工作和企业大型文体活动的组织工作，与其他部门混得很熟，可以说是在方方面面都很抢眼。而舒丹的表现就比汪洋逊色多了，做事悄无声息，平时不声不响地就把事情做完了，安静得似乎感受不到她的存在。

一次，行政总监召集行政部门开会。会议过程中，当他问到企业年终大会活动的策划要点时，还没等主管发言，汪洋就忍不住把自己的想法和盘托出，并说，这些想法已经和人事部门的负责人做了交流……

还有一次，汪洋了解到某部门对行政管理条例发布后的反馈信息时，主管不在，汪洋就径直把意见告诉给行政总监，然后由行政总监传达给主管。主管接到总监的信息后很恼火，责怪自己的助理没有及时将信息传达给他，汪洋坐在一边不敢说话。

3个月后，当领导最终宣布人事任命的时候，留下的却是那个闷声不响的舒丹。这个消息对于汪洋如同晴天霹雳一样：自己怎么会被炒了呢？

张扬个性肯定比压抑个性舒服，但如果因为自己的才能出众而张扬就不是什么好事了。张扬往往是与无知和失败联系在一起的，一个人过于张扬就会招人反感，自然也很难得到上司的赏识和朋友的认可。这样的人又怎么会在事业上、生活中得到长足的发展呢？

松下幸之助也曾经说过："一个人的成功就是他人际关系的成功。"身在职场，我们免不了要与各种各样的人打交道。俗话说"百人百性"，每一个人都有着不同于他人的生活规律与习惯个性。在与别人交往的过程中，如果我们没有"人和"的观念，没有尊重他人的意识，不能够融个性于共性之中，我们就很难顺利地度过一生。因此，在职场中做人应该低调一点，在为人处世上能够做到与人为善会使你拥有一种充实感，会成就你职场中圆融的人际关系，使你的职场生涯平坦且顺畅许多，你会因此而更容易走向成功。

詹坤和赵博是某橡胶公司的两位职员，厂长要在他们两人中选一个人提升为生产科长。谁更合适呢？詹坤的工作可以说是无懈可击，他很爱与各部门竞争，总想击败对方，在专业技术方面比对手赵博强；赵博的工作显然没有詹坤出色，但他知道如何与别的部门配合，并与每一个人都能很好地合作。他力求在各方面配合公司的目标，常抽时间去各部门看看，了解别的部门的职责和问题，借以增加自己的知识。最后，厂长选了赵博。厂长说："詹坤是我们工厂最好的领班，但他的事业眼光太狭窄，把自己局限在专业中，限制了晋升的机会。如果只把自己局限在专业里，而不知道合作的重要性，那至多不过变为一个熟练的技术人才而已。"

在职场中与人交往时，只要我们能够多一分爱心、多一分理解、多一分善良、多一分同情，我们就能够在与人为善的同时成就自己良好的人际关系，在与人和睦相处的同时，你职场中的天空也会变得更加灿烂明媚，你的人生道路就会更加平坦顺畅。

海纳百川，成汪洋之势，是因为它的地势最低。身在职场，如果你想登上成功的顶峰，你就必须要放下身段、放低自己。这既是我们对自己的理智审视，也是我们对别人更为温和的尊敬。低调是我们积蓄职场能量的前提。身在职场，我们必须要学会放低自己，才能够积蓄更多的职场能量，才能够得到更多人的帮助。

第12章 平日待人多厚道，急难自有人相扶，是一种让

一个人如果失去了忠诚，就失去了一切，因为人也是要讲口碑的，谁也不愿意与一个毫无忠诚、不能信赖的人共事、交往。所以，忠诚不仅有其独有的道德价值，而且还蕴含着巨大的经济价值和社会价值。一个人要想实现自己的理想，首先就要端正自己的思想，对自己所做的事保持清醒的认识，一开始就要秉承负责到底的精神，努力培养自己良好的品质，这才是成功者应有的心态。

1. 忠诚是一种职场生存方式

美国一位成功学家曾无限感慨地说："如果你是忠诚的，你就会成功。"

忠诚，就是尽心尽力、忠于人、勤于事的奉献情操，它是一种发

自内心，饱含着付出、负责甚至牺牲的精神。它在本质上是一种负责的职业精神，而不仅仅是指对某个公司或某位老板的忠诚。忠诚是一种优秀的人格特质，它是时时刻刻伴随着我们的精神力量。它能够很好地约束我们，使我们更加懂得自重，并能带来一种自我满足感，使我们努力去做一个有益于他人的好人。

忠诚是一种传统的美德，更是做人的基本道德素质之一。在市场经济大潮中，市场经济竞争的战场虽无硝烟弥漫，但却异常炽热，在这场没有刀光剑影但却旷日持久的战役中，忠诚最能考验一个人，也最能成就一个人。

林钦明在一家软件企业上班，但他只是一名普通的软件销售员。有一天，他很意外地被通知在家待岗。待岗比辞退好不到哪里去，只不过每月能够领取一点点象征性的生活费而已。之前，他一直都拿着较低的薪水，没有什么积蓄，一家人的生活一下陷入了困境。

待在家里才几天，他就一连接到了3个奇怪的电话。打电话的人自称是他原来上班的那家企业的竞争对手，他希望林钦明为他们提供一些那家企业的市场机密，之后他会给林钦明提供一份工作或者10万元作为回报。

第一次接到电话时，林钦明断然拒绝了。第二次，那个人将报酬提高到20万元，林钦明还是严词拒绝了。“你那家企业已经让你待岗了，跟辞退你有什么区别？你没有必要为他们保守秘密了，不值得呀！”电话里的那个人劝说道。

“替企业保守秘密，是我的做人原则，别说我还没有被辞退，即使被辞退了，我也会如此的，你不必再说了。”林钦明再一次拒绝了。

第三个电话打来时，林钦明正在四处借钱，以维持家庭生活之用。而这时，电话里的那个人开的价已高达40万元！

林钦明还是拒绝了。

从这以后，电话再也没有打来，一切似乎都过去了。然而，一个星期后，林钦明很意外地被通知去上班，老板把代表企业最高荣誉的奖章——忠诚奖章发给了他，同时，老板还发给他一份聘书，聘任他为企业市场开发部经理。

原来，那3个电话都是老板安排他人打的，根本不存在什么竞争对手，那不过是一次干部聘任前的考察罢了。

任何上司都不会容忍或原谅下属对自己不忠，如果为了一己私利而不惜牺牲公司的利益，终究会被职场所淘汰。面对诱惑，林钦明不为所动，经受住了考验，忠诚不仅没让他失去机会，反而让他赢得了机会。

保守职业秘密是我们每一个职场中人的职责所在，更是每一个人内心的一把标尺和对忠诚的一种心理认同。作为职场中人，我们一定要严格要求自己，只有真正地从内心深处具备了高度的心理认同，我们才能够不被外界的各种诱惑所左右，不会被负面的心理所驱使，才不会做出违背心理尺度的事情来。

一位美国专家通过对几十名成功人士的研究发现，在决定事业成功的诸多因素中，一个人的知识水平、能力大小占20%，技能占40%，态度也仅占到40%，而100%的忠诚是获得成功的唯一途径，是自我价值得以创造和实现的保证。美国一位成功学家曾无限感慨地说：“如果你是忠诚的，你就会成功。”

为什么会这样呢？一个人表现忠诚可以消除老板的戒心和疑虑，进而使老板建立对这个人的信任。出于这种信任，一旦有发展的机会，老板一定会第一个想到他，给他锻炼的机会。忠诚的人在人人都有嫌疑的事件中会最先被排除嫌疑，就是因为他的忠诚品格为他做了担保。

著名管理大师艾柯卡受命于福特汽车公司面临重重危机之时，他大刀阔斧地进行改革，使福特汽车公司走出危机。但是，福特汽车公司董事长小福特却排挤艾柯卡，这使艾柯卡处于一种两难的境地。此时，艾柯卡却说：“只要我在这里一天，我就有义务忠诚于我的企业，我就应该为我的企业尽心竭力地工作。”尽管后来艾柯卡离开了福特汽车公司，但他对于福特公司的影响还是很大。

艾柯卡说：“无论我为哪一家公司服务，忠诚都是一大准则。我有义务忠诚于我的企业和员工，在任何时候都是如此。”正因为如此，艾柯卡不仅以他的管理能力，更以他的人格魅力征服了别人。

一个人在任何时候都应该坚守忠诚，这不仅仅是个人品质问题，更关系到公司和企业的利益。忠诚不仅有其独有的道德价值，而且还蕴含着巨大的经济价值和社会价值。一个秉承忠诚的员工，能给他人以信赖感，让别人乐于接纳，在赢得别人信任的同时，更为自己的职业生涯带来莫大的益处。与此相反，一个人失去了忠诚，就失去了一切——失去朋友、失去客户、失去工作，最后，世界上通往成功的所有道路都会永远对他关闭，因为谁也不愿意与一个毫无忠诚、不能信赖的人共事、交往。

因此，千万不要小视忠诚，没有忠诚，一个人真的寸步难行，因为忠诚本身就是一个人立命的根本。忠诚会让一个人受到朋友甚至敌人的尊敬，因为忠诚是人性的亮点。

2. 敢于承认错误，勇于承担责任

敢于担当是一种积极进取的精神。

常言道，智者千虑，必有一失。人再聪明都有犯错误的时候。人犯了错误往往有两种态度：一种是拒不认账，另一种是坦率地承认。然而，有一些聪明人为了保住自己的面子，能推就推，能躲则躲，自以为这样就能逃脱干系，避免了担负责任，殊不知，事情的真相终究会水落石出。

乔治是一家商贸公司的市场部经理。在他任职期间，曾犯了一个错误，他没经过仔细调查研究，就批复了一个职员为纽约某公司生产5万部高档照相机的报告。等产品生产出来准备报关时，公司才知道那个职员早已被“猎头”公司挖走了，那批货如果一到纽约，就会无影无踪，货款自然也会打水漂。

乔治一时想不出补救对策，一个人在办公室里焦虑不安。这时老板走了进来，他的脸色非常难看，就想质问乔治这是怎么回事。还没等老板开口，乔治就立刻坦诚地向他讲述了一切，并主动认错：“这是我的失误，我一定会尽最大努力挽回损失。”

老板被乔治的坦诚和敢于承担责任的勇气打动了，答应了他的请求，并拨出一笔款让他到纽约去考察一番。经过努力，乔治联系好了另一家客户。一个月后，这批照相机以比那个职员在报告上写得还高的价格转让了出去，乔治的努力得到了老板的嘉奖。

有些人认为承认错误有失自尊、面子上过不去，害怕承担责任，害怕惩罚。与这些想法恰恰相反，勇于承认错误，你给人的印象不但不会受到损失，反而会使人尊敬你、信任你，你在别人心目中的形象反而会高大起来。

松下幸之助说：“偶尔犯了错误无可厚非，但从处理错误的态度上，我们可以看清楚一个人。”老板欣赏的是那些能够正确认识自己的错误，并及时改正错误以补救的职员。

敢于担当是一种积极进取的精神。无数的例子表明，无论是工作还是生活，勇于负责的人最终都会得到人们的赞赏。所以，一个人要想实现自己的理想，首先就要端正自己的思想，对自己所做的事保持清醒的认识，一开始就要秉承负责到底的精神，努力培养自己良好的品质，这才是成功者应有的心态。也只有这样，在你最需要的时候，才会有人站出来为你说话，助你一臂之力。

费丁南·华伦是一位商业艺术家，他就是用这种方法赢得了一位暴躁易怒的艺术品顾主的好印象。

精确、一丝不苟，是绘制商业广告和出版品的最重要素质。但有一位主顾总是喜欢鸡蛋里头挑骨头。每次，华伦离开他的办公室时总感觉不舒服，因为他攻击的是华伦的创作方法，而他在这方面是没有发言权的。“一次，我交了一件很急的完稿给他，没多久他就打电话给我，要我立刻过去，说是出了问题。当我到了之后，看见他满怀敌意，正如我所料——麻烦来了。在听完他的恶意指责后，我平静地说：‘先生，如果你的话没错，我的失误一定不可原谅。我为你工作了这么多年，实在该知道怎么画才对。我觉得惭愧。’没想到他竟然开始为我辩护起来：‘是的，不过毕竟这不是一个严重的错误。只是……’我打断了他：‘任何错误，代价可能都很大，是不能原谅的。’他想插嘴，但我不让他插嘴，继续不停地进行自我批评。最后，我向他道歉，说：‘很抱歉，给你添了麻烦，为了让你满意，我打算重新再来。’‘不！不！’他急忙反对起来。最后，他甚至赞扬了我的作品，告诉我只需要稍微修改一点就行了，又说这只是小节，不值得担心。”华伦讲完这个故事后，补充道：“我急切地批评自己，却使他怒气全消。结果他邀我共进午餐，分手之前他开给我一张支票，又交给我另一件工作。”

如果你认为某人想要或准备责备你，也许对方是在吹毛求疵，这时你不要懊恼，自己先行一步，主动地把对方要指责你的话说出来，那他就拿你没有办法了。在这种情况下，十之八九对方反而会以宽大、谅解的态度对待你、忽视你的错误。

孔子说，过而不改，是谓过矣。人无完人，没有人不会没有错误，有时甚至还一错再错，既然错误是不可避免的，那么可怕的并不是错误本身，而是怕知错而不肯改、错了也不悔过。其实，如果能坦诚地面对自己的缺点和错误，再拿出足够的勇气在以后的工作中更加谨慎，就能加深别人对你的良好印象，从而很痛快地原谅你的错误。这不但不是“失”，反而是最大的“得”。

事实上，一个有勇气承认自己错误的人也可以获得某种程度的满足感：这不仅可以消除罪恶感，而且有助于解决由这项错误所造成的问题。卡耐基告诉我们，即使傻瓜也会为自己的错误辩护，但能承认自己错误的人就会获得他人的尊重，而且令人有一种高贵、诚信的感觉。

3. 帮助他人，不图回报

不要把帮助变成彼此的负担。

生活中经常有这样的人，如果他们为朋友或他人做了事、帮了忙，于是心怀一种优越感，总是挂在嘴上。持有这种态度往往是很危险的，常常会引发不良的后果。其实，没有朋友会因为你不说，就会忘记你送的人情，多说反而无益，人家可能会找机会尽快还你的人情，之后便敬而远之，即便是你再有能力，朋友也会和你保持距离。所以，既然做了人情，就要给足面子，这样才能带来良好的结果。

古代有位大侠叫郭解，有一次，洛阳某人因与他人结怨而心烦，多次央求地方上有名望的人士出来调停，对方就是不给面子。后来他找到郭解门下，请他来化解这段恩怨。

郭解接受了这个请求，亲自上门拜访委托人的对手，做了大量的说服工作，好不容易使这人同意了和解。照常理，郭解此时不负人托，完成这一化解恩怨的任务，可以走人了。可郭解还有高人一着的棋。

一切讲清楚后，他对那人说：“这个事，听说过去有许多当地有名望的人调解过，但因不能得到双方的共同认可而没能达成协议。这次我很幸运，你也很给我面子，我了结了这件事。我在帮助了你的同时，也为自己担心，我毕竟是外乡人，在本地人出面不能解决问题的情况下，由我这个外地人来完成和解，未免使本地那些有名望的人感到丢面子。”他进一步说，“这件事这么办，请你再帮我一次，从表面上要做到让人以为我出面也解决不了问题。等我明天离开此地，本地几位绅士、侠客还会上门，你把面子给他们，算做他们完成此一侠举吧，拜托了。”

要尽量避免在公众场合内使你的对手难堪，必须时时刻刻提醒自己不要做出任何有损他人颜面的事。只要你有心，只要你处处留意给人面子，你将会获得天大的面子。所以，帮忙时应该注意下列事项：

第一，不要使对方觉得接受你的帮助是一种负担。

第二，要做得自然，也就是说，在当时对方或许无法强烈地感受到，但是日子越久越体会出你对他的关心，能够做到这一步是最理想的。

第三，帮忙时要高高兴兴，不可以心不甘、情不愿的。如果你在帮忙的时候觉得很勉强，意识里存在着“这是为对方而做”的观念，假如对方对你的帮助毫无反应，那么你一定大为生气，认为“我这样辛苦地帮你忙，你还不知感激，太不识好歹了”！如此的态度甚至想法都不可取。如果对方也是一个能为别人考虑的人，你为他帮忙的种种好处，决不会像射出去的子弹似的一去不回，他一定会用别的方式来回报你。

在一个大雪纷飞的冬天，一个贫穷的农夫向村里的首富借钱。恰好那天首富兴致很高，便爽快地答应借给他银子，末了还大方地说：拿去花吧，不用还了！农夫接过钱，小心翼翼地包好，就匆匆往家里赶。首富冲他的背影又喊了一遍：不用还了！

第二天大清早，首富打开院门，发现自家院内的积雪已被人扫得干干净净。他让人在村里打听后，得知这事是农夫干的。这时首富明白了：给别人一份施舍，只能将别人变成乞丐。于是他前去让农夫写了一份借契。

事实上农夫是在用扫雪的行动来维护自己的尊严，而首富向他讨债极大地成全了他的尊严。在首富眼里，世上无乞丐；在农夫心中，自己更不是乞丐。如果把“施恩”变成了“施舍”，一字之差，高低立见，效果却大大的不同。

总之，我们在人际交往中，一定要明白，帮忙是互相的，切不可像做生意一样赤裸裸的，把每件事摆放得清清楚楚，忽视了感情的交流，会让人兴味索然，彼此的交情也维持不了多长时间。只有淡化自己对朋友的帮助，才会让朋友备感温暖。这样做不仅加深了朋友之间的友情，而且也增加了自己人情账户的收入。

4. 成为一个可交之人

如果没有诚信，就无从立足，更谈不上发展。

“人无信而不立”，诚信是为人之根本。中华民族历来把诚实守信作为立身处世之本。孔子说：“人而无信，不知其可也。”意思是说，只有诚实守信的人才能得到别人对他的信任。一个做事做人均无诚信的人，是很难在社会上立足的。

欺骗别人等于欺骗自己。如果没有诚信，就无从立足，更谈不上发展。品格是世界上最强大的动力之一。高尚的品格，是人性最高形式的体现，同时也是最好的投资本钱，它能最大限度地展现人的价值。

小冯和朋友张明前往一家公司应聘。那家公司待遇优厚，参与应聘的人不少。面试结束后，主考官说还需要复试一次，让他们 3 天后再到公司复试。

3 天后，他们早早地去公司。公司总经理亲自为他们安排了当天的工作——给他们每人一大捆宣传单，让他们到指定的街道各自发放。

小冯抱着宣传单，来到了划定的地盘，见人就发一张。有的人接过去了；有的人连理都不理；有的接过去就随手扔在地上，他只好捡起来重发。忙碌了一整天，可手上的宣传单还剩厚厚的一叠。

下班时间到了，小冯拖着一身疲惫回公司交差。走进公司办公室，他看见其他人都已经回来了。张明一看到他就说："你怎么还留那么多传单在手中？"小冯一看大家手上都是空的，心里慌了。

总经理问小冯发了多少，他顿时涨红了脸，把剩下的传单拿出来，难为情地说："我做得不好，请原谅！"在回住处的路上，张明一个劲儿地说他，骂他傻，并告诉小冯自己的传单也没发完，剩下的全都扔进了垃圾桶，其他人想必也是如此。小冯这才恍然大悟，恨自己愚钝不开窍，心想这份工作自己肯定没指望了。

结果却大大出乎意料。在那次招聘中，小冯成了唯一被录用的人，这个结果让人感到很纳闷。

半年后，小冯因为业绩突出，升任为部门经理。在庆典晚宴上，他询问总经理当初为何选择了他，老总说："一个人一天能发放多少宣传单，我们早就测试过。那天我给你们的宣传单，用一天时间肯定是发不完的。其他人都发完了，唯独你没有，答案就这么简单。”

诚实的人才是真正聪明的人，而那些虚伪的人只能从一些“小聪明”中获得短暂的利益，最终会被自己的小聪明毁掉。你要明白，他人对你的信任，首先来自于你对他的诚实。

这也深刻地说明，一个人要想立身处世，尤其在当今社会竞争激烈的情况下，诚信非常重要，这是人名誉的根本，是做人深层魅力的所在。人们常说“君子一言，驷马难追”，讲的就是做人的诚信和做人的基本道德及水准。无论何时何地都有竞争，竞争的得与失、成与败，就看你做人的标准了。一个不讲信用的人，是为世人所不齿的。

韩国现代企业集团的总经理郑周永是世界闻名的大财阀。然而，朝鲜战争期间，正当他很快在韩国的建设行业中崭露头角、事业有了起色之时，意外的打击无情地降临到他头上。

1953年，郑周永的现代土建社承包了一座大桥的修建工程。由于战时物价上涨，开工不到两年，工程费总额竟比承包时高出了7倍。

在这严峻的时刻，有人好心地劝阻郑周永赶紧停止施工，以免遭受进一步损失。但郑周永另有一番想法："金钱损失事小，维护信誉事大。"

于是郑周永鼓足勇气，毅然决定：为了保住现代土建社的信誉，宁可赔本甚至破产也要按时把工程拿下来，结果，现代土建社付出了巨大的代价，终于按时完工，保质保量地按时交付使用。

郑周永虽然这回吃了大亏，以致濒临破产，但从此树起了恪守信用、能担大事的形象，赢得了人们的信任，生意一个接一个地找上门来。

不久，郑周永投标承包了当时韩国的四大建设项目：朝兴土建、大业、兴和工作所和中央产业，承建了汉江大桥的第一期工程。接着，又继续承包了汉江大桥的第二期、第三期的工程。

光是汉江大桥这3项重大工程就前后整整承建了10年的时间，它不仅使郑周永的"现代建筑"赚得了丰厚的利润，而且压倒了同行对手，一跃成为韩国建筑行业的霸主。

罗曼·罗兰说："没有人可以指导你的人生。人生就像在波涛汹涌大海里航行的一叶扁舟，舟上的乘客只有你一个人，你必须把握小船的航向，人生的航向永远都可以用诚信来把握。有了诚信，你的小船才不会被金钱、荣誉的大海吞没。"

诚实是做人之本，是为人处世的最高品格，也是你在公司里能够取得事业成功的必备品质。诚实很重要，就和做正确的事一样重要。一个禀赋诚实美德的人，能给他人以信赖感，让人乐于接近，在赢得别人信赖的同时，又能为自己的工作和事业带来莫大的益处。

5. 不要凡事都自己来

1+1>2 是个富有哲理的不等式，它表明集体的力量并不等于个人力量的累加之和。

人类亦是如此，只要懂得和朋友或同伴合作而非单打独斗，往往就能“飞”得更高、更远，而且更快。那些失败者大都是单枪匹马闯天下的“个人英雄”，由于没有借助群体的力量，因而自己的不足与欠缺得不到互补；而许多成功者都会借助别人的才智、技术、方法等，因此取得了令人称羡的辉煌业绩。

即使个人在荒野中隐居，也仍然需要依赖自身以外的力量生存下去。人越是成为文明社会的一部分，越是需要依赖与人合作。要想获得高质量的生存和发展空间，就必须得到大家的帮助。能否与别人合作，是一个人事业成败的关键环节。从某种意义上说，我们所在的社会是个人际网络型社会，一个人要想有所成就，就必须对“合作精神”给予更多的重视。

一个人的能力本来就有限，而在当今这个科学交叉、知识融合、技术集成的大背景下，个人的作用更是日渐减小，一个人不可能同时拥有成就事业所必备的所有能力。未来的竞争将是协作型的竞争，个人的力量在激烈的竞争中往往是不堪一击的。成就事业的关键在于群体的合力。

中国香港首屈一指的皮革大王方新道就是通过“找到了好的合作伙伴”而发迹的。当年皮革行中的一名小学徒如今创办的西伯利亚皮革行，规模已堪称香港之首。

方新道待人随和、虚怀若谷，许多人都乐于与之相交。其中，程觉民、钱要基、岑主贵3人是他最要好的朋友，也是最好的合作人。

20世纪50年代，方新道在香港开了一间皮革小店，在一个陌生的环境从事一种营业范围十分狭窄的生意，其中的艰苦不难想象。而胸怀大志的方新道不想只谋温饱以遣余生，便想努力扩大自己的经营规模，又被手头不足的资金所困。当时正在开银行的程觉民手头颇丰，接到方新道在困难之际的求援，毅然两肋插刀，倾其所有鼎力相助。程觉民的支持使方新道局面大开、财源广进。而方新道也自然是投桃报李，聘请程觉民为董事长，给其高额的贷款利率。

有了经济上的帮助，方新道就大刀阔斧地开始了自己的经营。而在早期的生意运作上，他又主要依靠自己的盟兄弟岑主贵。20世纪50年代中期是方新道皮革行的鼎盛时期，而他的每一项决策，甚至业务上的细节都倾注了岑主贵的心血。因此，在岑主贵不幸因病去世时，方新道因痛失良友和得力助手，曾停业数日以示哀悼。

在皮革行赚了不少钱后，方新道又转而兼营房地产和建筑业。而此时生意上的副手便是钱要基。20世纪60年代初，钱要基舍弃航运，离开澳门，只身来到香港。他与方新道本属于一个基督教会的弟兄，来港不久便与方新道联络甚密，且有相见恨晚之感。钱要基深谙经营之道，在他的协助之下，方新道的生意趋向多元化。方新道名下本已有贸易公司，在钱要基的策划下又大规模于房地产界寻求发展。同时，钱要基建议采取预卖楼房的政策，在香港寸土寸金的环境下，为方新道赚取了丰厚的资产。

我们不难看出，一个人孤独地奋斗是很难获得巨大成功的，只有经过和同伴和谐一致的共同努力，才可能获得人生的最大成就。正所谓“一个巴掌拍不响，万人鼓掌声震天”。当我们向成功的终点冲刺时，切忌陷入单枪匹马、孤军作战的困境之中。

你有一个设想，我有一个设想，两人交换的结果就是拥有两个设想。同样的道理，当我们独自研究一个问题时，可能需要思考10次，而这10次思考几乎都是沿着同一思维模式进行的。如果进行集体研究，从他人的发言中得到启示，使自己产生新的联想，也许一次就可以完成我们自己思考10次才能想出的问题。

1+1>2是个富有哲理的不等式，它表明集体的力量并不等于个人力量的累加之和。在我们摒弃“凡事自己来”这样思想的同时，不但会成就事业，还会在通力协作的过程中让普通朋友逐渐变成好朋友，从而使我们原有的交际模式得到彻底的改变。

6. 有效沟通，让管理事半功倍

沟通不是目的，而只是一种手段。

在现代企业管理中，大部分的管理失误都是沟通不畅或不当所致。正如社会学家分析现代社会失败的婚姻中，70%是由于缺乏沟通导致的一样。可见，有效的沟通已成为当今人们不得不认真对待的问题。

沟通不是目的，而只是一种手段。我们并不是为了沟通而沟通，而是通过沟通交流信息、解决矛盾。同时，沟通不是一个点的结果，而是一个贯穿于日常生活中的过程。它不是一次接待或一次正经的座谈会就可以囊括的，而是包括了日常信息收集、信息交流和沟通结果落实等诸多方面。

与以往不同的是，我们这里说的沟通并非是偶尔为之，或是非要等出了问题、有了矛盾后才应急，而是日常性地主动交流与听取、分享与促进。也许我们更应改变的是一种观念，要知道，朋友之间的交往如亲情、爱情一样，都是需要经营的。而有效的沟通则是美好经营最重要的基础。

古人把五味沟通称之为“和”，把五音沟通称之为“谐”。由此可以看出，沟通不仅仅是一个口耳相传的简单动作，也是用心去调动我们所有的感官，感其所受，知其所情。若想达到这样的效果，平等与礼节是首要的。在传递信息时，要充分考虑到对方的情感因素，做到平等相待，善于换位思考。在此基础之上学会倾听，注重沟通的连贯性。当对方陈述或表达自己的意思时，要耐心倾听，仔细分辨，以平和的心态接纳其表述的完整。即使有不同意见，最好也不要中途打断，以保证沟通的顺畅。

可以说，越是富有情感的沟通，越能体现出它的有效性。成功的管理者往往都极其重视外向且颇为感性的沟通。

在彼得·德鲁克看来，被誉为第一位成功的职业经理人、20 世纪最伟大的 CEO——艾尔弗雷德·P.斯隆，之所以能够在 20 世纪二三十年代把通用汽车建设成为世界第一的汽车制造公司，正是得益于与顾客的有效沟通，从而让顾客和他一起把事业干出来。

无独有偶，美国社会上最有影响的十大企业家之一、麦当劳外送店的创始人雷·克洛克，也得益于他的“走动管理”。他花费了大部分工作时间到各个分公司及其下属部门走走、看看、听听、问问。

曾经，麦当劳公司一度面临严重亏损的危机，经考察，雷·克洛克发现其中一个重要原因是公司各职能部门的经理有严重的官僚主义，习惯于躺在舒适的椅背上指手画脚，把许多宝贵的时间耗费在抽烟和闲聊上。

于是，雷·克洛克想出一个“奇招”：将所有经理椅的靠背锯掉，并立即照办。这给克洛克招来很多非议。但渐渐地人们就体会到了他的一番“苦心”。他们纷纷走出办公室，深入基层，开展“走动管理”；及时了解情况，现场解决问题，终于使麦当劳扭亏为盈。

有效的沟通往往能带给我们事半功倍的改变，但有些基本原则却并非都是我们容易掌握的，所以需要格外注意。首先，在与朋友交流时，不要想当然地认为对方能够领悟我们没有直接表述的意思。问题越复杂，这个原则越重要。有时我们想当然地认为听众和自己一样了解问题的背景信息，可以牢牢把握所要讨论的问题。但实际上，可能对方对这些信息根本一无所知。所以，当我们拿不准的时候，最好能清楚地讲明，以免造成理解上的偏差。

其次，不要将主观看法当作客观事实。也就是说，我们决不能对主观命题的真假作出随意的判断。要想让某个主观命题被大家接受，用论证取代随意，往往让具有不同意见的沟通进行得更加顺畅。

再次，要避免使用模糊和多义的语言。这是制约有效沟通的两个典型因素，因为它们通常都不能明确表达出某个特定的观念，而是游走于不同的观念之间。一个词语的指代物不明确，那就是模糊的。在使用一些较为抽象的词语时，一定要对其作出准确的解释。其中，容易引起模糊的一个分支是双重否定。要想改变以往冗繁低效的沟通模式，就尽量不要使用双重否定。与其说“这里不是不欢迎她来”，不如直接说“这里欢迎她来”让人更容易明白。

最后，要根据对象选择合适的语言。沟通的关键是理解，不要对着外行人说业内行话。要知道沟通最忌讳的事情之一就是故作高深，让人云里雾里。

在学习、掌握以上原则的同时，就在潜移默化地改变着我们自身的一些交流习惯。如此，不仅可以避免误会，还能让我们的人际关系从此打开一个崭新的局面。

第13章 做人要敢于担当，做事要勇于负责，是一种让

即使犯错，也不要推卸责任、寻找借口。一个缺乏责任感的人，或者一个不负责任的人，首先失去的是社会对自己的基本认可，其次失去了别人对自己的信任与尊重，甚至也失去了自身的立命之本——信誉和尊严。

1. 做人做事都要“职业化”

我们每个人应该尽自己的责任，才能无愧于心，无愧于自己。

我们都知道，一个人能不能有发展、会不会获得成功，智商和情商都很重要。但仅仅有这两点还不够，作为职场人士来说，除了智商和情商，更要重视“职商”。

如果我们想提高自己的能力，就必须努力提高自己的职业素养与智慧，也就是所谓的“职商”。“职商”就是从事职业的素养与智慧，而素养则是我们平时养成的习惯。工作中，我们常看到有些人虽然很有能力，但在职场上却不能获得成功，究其原因就是缺乏“职商”。可以说一个人的成功在很大程度上取决于他的“职商”，“职商”越高的人，在职场上越有竞争力，也越容易获得成功。

在荷兰，一个初中刚毕业的青年农民在一个小镇找到了门卫工作，他在这个岗位上一干就是60年。在这个清闲的岗位上，他没有悠闲，而是选择了打磨镜片，一磨就是60年。他是那样的专注和细致，技艺超过了专业水平，磨出的复合镜片的放大倍数比专业人士都高，借助他磨的镜片，他终于发现了当时世界还不知晓的另一个广阔的世界——微生物世界。

他获得了巴黎科学院院士的头衔，英国女王亲临小镇去看望他。他老老实实地把手中的镜片磨好，不仅成为了科学家，而且因为专注和敬业，他的美名在当地盛传。

敬业，是事业成功的源泉，是一种职业素质、职业精神的表现，是一种做事做人的境界。敬业，是一种高尚的品德。敬业的人对自己所从事的职业怀着一份热爱、珍惜和敬重的心情，不惜为之付出和奉献。

敬业不仅仅是一个概念，更是一种实际行动。如果我们像老板一样把敬业变成一种职业习惯，我们就会发现，我们不但可以从中学到许多知识，积累许多经验，还能从全心全意、尽职尽责投入工作的过程中得到欢乐。可以肯定的是，那些缺乏敬业精神的人，是无法取得真正的成就的。

其实，一个人无论从事何种职业，都应该尽心尽责，尽自己最大的努力求得不断的进步。这不仅是工作的原则，也是人生的原则。如果没有了职责和理想，生命就会变得毫无意义。无论你身居何处，即使在贫穷困苦的环境中，如果能全身心投入工作，最后就会获得成功和快乐。

当我们将敬业当成一种习惯时，就能从全身心地投入工作的过程中找到快乐。既然社会给了我们工作的机会，给了我们发展的空间，给了我们生活的物质保障，我们每个人就应该尽自己的责任，才能无愧于心、无愧于自己。敬业是一种习惯、一种美德，也是成就事业的首要条件。无论从事什么工作，请记住，敬业不仅仅是为了工作或者别人，更是为了你自己。

2. 要结果，不要借口

要成功，就不要找借口。

借口可能会让我们暂时逃避困难和责任，获得些许心理的慰藉。但是借口给我们带来的危害一点也不比其他任何缺点、错误、失误少。让我们把寻找借口的时间和精力用到努力工作上来。因为工作中没有借口，人生中没有借口，失败中没有借口，成功中没有借口。

但是，在实际工作中，当我们在遇到麻烦或者是为公司造成损失的时候，通常都不敢去面对现实，大多数人的第一想法是“都是某某不好”、“某某是怎么搞的”。这就是不敢承担责任的表现，是推卸责任的潜台词，言下之意是：“此事与我无关。”

“没有任何借口”是美国西点军校200年来奉行的最重要的行为准则，是西点军校传授给每一位新生的第一个理念。它强化的是每一位学员想尽办法去完成任何一项任务，而不是为没有完成任务去寻找借口，哪怕是看似合理的借口。秉承这一理念，无数西点毕业生在人生的各个领域都取得了非凡的成就。

1861年，当美国内战开始时，总统林肯还没有为联邦军队找到一名合适的指挥官。

林肯先后任用了4名总指挥官，而他们没有一个人能“100%执行总统的命令向敌人进攻，打败他们”。

最后，任务被格兰特完成。

从一名西点军校的毕业生到一名总指挥官，格兰特升迁的速度几乎是直线的。在战争中，那些总是能完成任务的人最终会被发现、被任命、被委以重任。因为战争是检验一个士兵、一个将军到底能不能完成任务的最佳场所。

执行任务，然后完成，这是千百年来每个士兵乃至将军最基本的职责。军人的天职就是无条件地执行上级的命令，全力以赴地完成，即使牺牲自己的生命也在所不惜。而这些最基本的品质却在我们的社会上日渐消失，一个人一旦拥有了这种品质便会被人们称为“优秀”或者“卓越”，殊不知，在那些真正的勇士看来，这只是成为勇士的一个基本条件。

当格兰特将军赢得了战争的胜利，开辟了美国历史的新一页后，很多人开始寻找格兰特制胜的原因。后来，格兰特将军做了美国总统，有一次，他到西点军校视察，一名学生问格兰特：

“总统先生，请问是西点的什么精神使您勇往直前？”

“没有任何借口。”格兰特回答。

“如果您在战争中打了败仗，您必须为自己的失败找一个借口时，您怎么做?”

“我唯一的借口就是：没有任何借口。”

英国大都会总裁谢巴尔德在位时有一句名言：“要么奉献，要么滚蛋。”他强调：“在其位，谋其政，不要找任何借口说自己不能够、办不到。”他要求他的下属在他面前不能因干不好工作而找理由推脱责任。一次，一个员工为了一件极难办的事找他，说自己尽力了，并说出许多客观理由，最后说无论怎样，这件事都“办不到”。谢巴尔德听后觉得这个下属就是怕得罪人、牺牲自己的利益，于是就轻声对他说：“够了，够了，现在我需要的不是这些好理由，而是要你仍旧照我的命令去做，否则，你就别做这个部门的经理。”

谢巴尔德的做法很正确，他就是要让下属明白，对于自己应该承担的责任就该负责，而不能随便找个理由推脱，这样才是一个称职的员工。

犯错在所难免，但是你陈述过失的方式却能影响上司心目中对你的看法。勇于承认自己的过失非常重要，因为推卸责任、寻找借口只会让你看起来像个不堪重用的人，不过这不表示你就得因此对每个人道歉，诀窍在于别让所有的矛头都指到自己身上，坦诚能淡化你的过失，转移众人的焦点。

因此，千万别找借口！在现实生活中，我们缺少的正是那种想尽办法去完成任务而不是去寻找任何借口的人。在他们身上体现出一种服从、诚实的态度，一种负责、敬业的精神，一种完美的执行能力。

3. 不要害怕一时的委屈

你一定要相信，只有敢于承担责任的人，才有可能做成大事。

我们经常听到人们说：某人没有责任感、不可靠；某人很负责、值得赞赏；某人总是诿过推功、没有责任心，要尽量避免跟他接触……任何一种说法都离不开“责任”两字，每种说法都对这个人做了一个深刻的评价，将不可避免地影响到这个人以后的人际关系和事业发展。因此，你需要勇于承担责任。

人非圣贤，孰能无过，知错能改，善莫大焉。发现错误的时候，不要采取消极的逃避态度，而是应该想一想自己应怎样做才能最大程度地弥补过错。只要你能以正确的态度对待它，勇于承担责任，错误不仅不会成为你发展的障碍，反而会成为你向前的推动器，促使你不断地、更快地成长。任何事情都有它的两面性，错误也不例外，关键就在于你从什么样的角度去看待它，以怎样的态度去处理它。

这天，一份由上司周科长主导完成、曼芸参与准备工作的广告策划方案出现了重大的错误，引起了客户的强烈不满，这令公司的老总非常生气。事发之后，周科长主动去找老板谈了话，随后周科长又请曼芸去喝咖啡。周科长告诉曼芸说自己已经向老板承认错误了，同时周科长提醒曼芸，老板知道她也参与了准备工作，所以建议曼芸第二天一早主动去向老板承认自己的不足，表现得积极诚恳一点，能在老板那里扳回印象分。这令曼芸非常感动，觉得自己遇上了事事护着自己的好上司。然而，第二天一早，还没等曼芸去找老板，老板就把曼芸狠批了一顿。

从老板批评的话语中，曼芸已经知道周科长将所有的责任都推到了自己的身上，她当然感到委屈了，但事情已经这样了，在老板面前争辩反而会越描越黑，只会让老板更加生气。于是曼芸主动并且诚恳地向老板承认了自己的错误，并向老板保证，自己一定会尽最大努力把这件事解决好！

从老板那里回来后，曼芸首先去了客户那里，在跟客户诚恳地道歉之后又得到了一个改正错误的机会，于是在接下来的几天中，曼芸加班加点，广泛地收集资料并做了深入的研究，最终她不仅仅弥补了上次周科长所犯的错误，还给了客户一个更加满意的策划方案。这让老板开始对曼芸刮目相看，特别是在了解了事件的原委后，老板更是对曼芸欣赏有加，破格提升她为策划总监。

很显然，周科长在"向老板承认错误"时把主要的责任都推到了曼芸身上，自己只是承担了管理不足的小罪名。面对这种情况，曼芸没有为自己辩解，而是默默地忍耐，并在老板面前为自己争取到了表现的机会，因此而迎来了自己的职业坦途。

做每一份工作的同时，也即意味着需要我们承担其中的责任。但是，承担责任并不是一件轻松的事情，由于要有一定的付出，甚至要做出某种牺牲，很多人都会在承担责任时感到很辛苦、压力很大，因而心中总是惴惴不安——这就是责任感、使命感。

爱默生说："责任具有至高无上的价值，它是一种伟大的品格，在所有价值中它处于最高的位置。"责任，从本质上说，是一种与生俱来的使命，它伴随着每一个生命的始终。只有那些能够勇于承担责任的人才有可能被赋予更多的使命，才有资格获得更大的荣誉。一个缺乏责任感的人，或者一个不负责任的人，首先失去的是社会对自己的基本认可，其次失去别人对自己的信任与尊重，甚至也失去自身的立命之本——信誉和尊严。

面对犯错的最佳对策便是勇敢承担责任。对待错误的态度从某种程度上可以说是一个人的敬业精神和道德品行的体现。是自己的责任就要全力承担，一定不能推卸，要诚恳地承认错误，并积极地寻求补救的办法。如果不是由于自己的过失造成的，也不要急于替自己辩白，应首先着眼于公司的利益，等事情得到了妥善处理，事情的真相自然会浮出水面。如果你确实被误会了，你的同事和上司也会在事实中看到，还你一个清白。你一定要相信，只有敢于承担责任的人，才有可能做成大事。

4. 不逃避，勇敢地担起责任

带着责任心去工作，是一种务实的态度。

在职场中，总有一些人整天发着牢骚："我都来公司这么久了，一直得不到重用，我在考虑换工作了……"、"努力工作又怎么样？老板根本不在意……"、"这不是我一个人的错，凭什么扣我的奖金……"他们每天想着晋升、加薪，想着有一天能够得到老板的器重，成为公司的顶梁柱。可惜，他们要失望了，因为"抱怨"暴露了他们的缺点：没有责任心！

努力工作是每一个员工的职责，老板雇用你来担任某一个职位，目的不是为了听你发牢骚，说工作中有多少麻烦和不顺利。你想要获得别人的肯定，实现自我的价值，首先要做的就是承担起你应负的责任，做个敢于担当的人。一个连本职工作都无法承担的人，又凭什么让老板器重你呢？这个世界上，取得成就的人，往往都是那些勇敢担起责任的人。

几个小男孩在踢足球，其中一个男孩不小心将球踢到了邻居家的玻璃上，玻璃碎了一地。邻居家的老人气冲冲地走了出来，责问是谁干的。伙伴们都被吓跑了，只有那个小男孩没有跑，他低着头走到老人的面前，说：“对不起，是我打碎了您家的玻璃。请原谅我。”这个老人非常固执，坚决要让小男孩赔偿。无奈之下，小男孩只得回家拿钱。

小男孩回家后，如实地说明了情况。母亲觉得，孩子年龄小，把钱赔给老人就算了。可男孩的父亲是个严厉的人，他并没有因为孩子年纪小而原谅他。沉默了片刻后，父亲冷冷地对他说：“家里虽然有钱，但这是你的错，你必须要对你的行为负责。”接着，父亲拿出了15美金，说道，“这是我借给你的，你必须想办法还给我。”小男孩接过钱，连忙跑去赔给了老人。

不过，父亲的话小男孩一直记在心里。后来，他一边上学一边打零工。可是，他年龄太小了，能做的工作很少，他只好去餐馆帮人洗碗，平时再捡些废品。辛苦了几个月，他终于攒够了15美元，并自豪地还给了父亲。父亲很欣慰，他拍着男孩的肩膀说：“一个能为自己的过失负责的人，将来一定会有出息。”

许多年后，这个小男孩成了美利坚合众国的总统，他就是里根。后来，里根在回忆这段往事的时候总是意味深长地说：“那次闯祸之后，我懂得了做人的责任。”

我们每个人都该为自己的言行负责，若是一味地逃避责任，是无法取得大成就的。这种责任心不仅体现在生活中，在工作方面更为重要；否则的话，就无法高质量地完成领导交付的任务，并且还会打消工作的积极性和创造性，对工作敷衍了事、偷懒取巧，不断地抱怨辛苦。这种做法直接导致了一个结果：工作没做好，得不到重用。

每个人都希望得到老板的赏识，得到自己渴望的职位，可这一切需要用努力和责任心去换取。带着责任心去工作，并不是做给谁看，而是一种务实的态度。怀着这样的心态做事，才能够对工作产生兴趣，才能够有更好的创意，发现别人难以发现的问题，做到别人难以做到的事情，进而让老板发现你的才能，最终实现自己的目标。如果你总是逃避责任，老板给你指出了错误，你也不敢承认，那么他自然会认为你没有担当，这样一来，你的晋升之路就被自己堵死了。试想，如果你是领导，一个连本职工作都要抱怨的人，你可能将更大的重任交给他吗？

5. 责任中蕴含着机会

在职业字典中，责任高于一切。

“我不是不努力，也不是没追求，只不过没有遇到好的机会！”许多人曾经都有过梦想，却始终无法实现，最后只剩下牢骚和抱怨，他们把这归咎于缺少机会。他们并没有想过：梦想只有在脚踏实地的工作中才能够实现。当你感觉自己的职业道路不顺畅，或是缺少机会的时候，不要抱怨外界的环境，而是要问问自己：你勇于承担责任了吗？

责任和机会有什么关系？相信不少人会提出这样的疑问。其实，你不必感到诧异，责任与机会之间存在密切的关联，只是习惯抱怨的人往往都只看到了责任和辛苦，一心想着逃避，却忽略了责任里面蕴含着机遇。机会总是隐藏在责任的深处，只有聪明的人，才能发现它的蛛丝马迹。

王蒙是一名经验丰富的业务员。近期，公司准备开发西北地区的市场，老板将这一重任交给了他。在别人看来，西北地区的市场并不好做，谁拿到这个活儿算谁倒霉，既辛苦又可能赚不到钱。但是，王蒙接受了这个任务。他心里明白，虽然这个任务不好做，但若做好了，也是个不错的发展机会。

接下来的两年，王蒙一心在西北开发市场，他的努力和勤奋没有白费，他为公司争取到了几个大客户，老板十分高兴。后来，王蒙被任命为西北地区的市场总监。

从表面上看，老板让王蒙开发西北市场，是一个“烫手的山芋”，很多人都避而远之。但王蒙心里却知道，这实际上也是老板给自己的一个机会，毕竟自己做好一件众人不愿意做、不好做的事，就是在展示自己的才能。换句话说，责任之中隐藏着机会，就看你有没有发现、有没有勇气去承担那看似不美好的责任了。当然，反过来说，机会中也隐藏着责任。王蒙被任命为西北地区的市场总监之后，表面上看是提升了，可实际上他要做的事情比过去更多了，而且肩上的胆子也更重了，他必须要承担起一个合格的经理要承担的责任。

很多身在职场中的年轻人都很迷茫，一直问：“机会在哪里呢?”机会在每个人的身边，那些抱怨者通常会把手边的机会拱手让人，因为他们没有认识到责任就是机会。他们害怕责任，看到责任就想躲开，可以说这是人类的一种劣根性。他们总是说着自己多么辛苦，希望轻松地工作，可是这种好事可能从天而降吗？不愿意承担责任的人，迟早会被老板扫地出门，即便是暂时还能够滥竽充数，也会让自身的能力逐渐退化，最终被社会淘汰。相反，那些在工作中勇于承担责任的人，总是会与机会不期而遇。

约翰和一名年轻人同时进入一家五金商店工作，每周薪水2美元。上班第一天，老板对他们说："你们必须要认真地对待这份工作，做到熟门熟路，这样才能成为对我们有用的人。"

老板走后，那名年轻人抱怨道："一周2美元，这么少的薪水还值得认真去做吗？"约翰没有吱声，虽然工作内容很简单，但他每天都用心去做。

约翰是个细心的人，他在商店里工作了几个星期后，发现了一件事：老板每次都要认真检查那些进口的外国商品，而那些账单上用的都是德文和法文。于是，约翰开始自学德文和法文，并仔细研究那些账单。有一天，老板在检查账单的时候感到非常疲倦，见此情形，约翰便提出帮助老板检查账单。他做得实在太出色了，令老板非常吃惊，之后那些账单自然就由约翰掌管了。

一个月后，约翰被叫到办公室。老板对他说："约翰，公司打算让你来主管外贸。这个职位非常重要，我们需要认真负责、能胜任的人来做这项工作。现在，公司里有很多与你年龄相仿的年轻人，但只有你发现了这个机会，并凭借自己的努力抓住了它。我做这行已经40年了，你是我亲眼见过的3位能从工作中发现机遇并紧紧抓住它的年轻人之一。其他的那两个人，如今都已经拥有了自己的公司。”

约翰的薪水很快就涨到了每周10美元。一年后，他的薪水是每周180美元，并经常被公司派往德国和法国进行谈判。老板对约翰的评价很高，他说：“约翰在30岁之前，很有可能成为公司的股东。他已经从平凡的外贸主管的工作中看到了这个机遇，并在努力地抓住这个机会。虽然需要做出一些牺牲，但这是值得的。”

从约翰的成功故事中，我们应该看到一点：机遇究竟隐藏在哪里谁也无法预料，但是责任有可能带来机遇，这是毋庸置疑的。若是再进一步推论，可以说，一切工作都能够带来机遇，只要你对它负责。

一个坚守责任的员工会把一切困难、压力和委屈都视为工作的一部分，并毫无怨言地去面对和承担。在他们的职业字典里，只有“责任高于一切”、“这是我应该做的”，而没有“抱怨”两个字，成功的机遇偏爱这样的人。相反，那些焦急地抱怨没有机遇的人，成功对他们从来都是绕道而行。作为职员，一定要记住，责任和机会成正比。没有责任就没有机会，责任越大机会越多，责任越小机会越少。机会从来都不是独来独往，它或是牵着责任的手，或是与责任合二为一。所以，伸出你的双臂去拥抱责任吧！很快你就会发现，你抱住的不只是辛苦，还有成功！

6. 敢于承担，才能受益更多

在优秀员工的价值观中，责任高于一切。

爱默生说过："责任具有至高无上的价值，它是一种伟大的品格，在所有价值中，它处于最高的位置。"在优秀员工的价值观中，责任高于一切，它指导着一切思想和行动。从接到任务那一刻开始，责任感就指挥着他们积极思考如何完美地完成任务。所以，他们从来都不会抱怨，就像树木不会拒绝把根茎深入坚硬的岩土层，因为那是它们生命的职责。

有些人总觉得，自己努力工作有益于公司和老板，是在为企业创造价值。实际上，认真负责，最终的受益者还是自己。不管在哪里工作，从事什么样的职业，只要认真地对待每件事，尽力做到最好，最终都会让你得到意外的收获。

1853年8月24日，乔治·柯兰姆在美国纽约的一家餐厅做厨师，餐厅身处一流的度假胜地，到那里就餐的人都是一些有身份的人，或是富豪。当时，那里有一道正宗的法国式炸马铃薯条很受客人的欢迎。这是17世纪风靡法国的食品，因为当时的美国驻法大使托马斯·杰斐逊非常喜欢吃薯条，于是就把制作方法带到美国，并在蒙蒂塞洛把炸薯条当作一道正式晚宴菜肴招待客人。乔治一直都按照标准的法国尺寸来制作薯条。

有一次，纽约的一些富翁到乔治所在的餐厅就餐，其中有位客人很是挑剔，他一直抱怨薯条切得太厚，让他觉得难吃，因此拒绝付账。为了让客户满意，乔治又重新切得薄一点，做好端给他。可是，那位客人仍然不满意，仍然说薯片太厚了。

周围的服务员将这一切尽收眼底，私下里抱怨那位客人不讲理，乔治心里自然也不高兴。不过，他没有说什么，既然是厨师，就要让客人吃得满意，这是他的职责。于是，乔治再一次进行“改良”，他将马铃薯切得很薄很薄，薄到一炸之后又酥又脆，根本无法用叉子叉起来。可惜，这样的做法已经与正宗的法式炸马铃薯标准大相径庭了。不过，乔治心想，既然是按照客人要求做的，也许他会很满意呢。如果他不满意，那他也会意识到是自己的错误。

看到闪着淡黄色油光、薄得像纸一样的薯片，客人非常满意。更有意思的是，其他的客人也纷纷让乔治为他们制作这样的薯片。

自此之后，这种被称为“萨拉托加薯片”的食品便成了菜单上的一大特色。不久后，人们将这种薯片包装起来，在当地发售，很快便风靡整个新英格兰地区。后来，乔治开了一家属于自己的餐厅，并将这种薯片作为餐厅的招牌菜品。当时，想要吃到这样的薯片是很不容易的，因为马铃薯需要手工削皮和切片，很考验厨师的刀工。20世纪20年代之后，马铃薯削皮机问世了，薯片成了世界上销售量最大的零食，而乔治这个薯片的发明者也名垂青史了。

对于一个厨师来说，让一个挑剔的顾客变得满意并不是什么大事，即便做不到也没关系，顶多失去一个回头客罢了。但是，如果你能够做到，并尽力做到让对方满意，就可能产生一连串意想不到的效果。可以说，承担更大的责任是一种宝贵的职业素养，无论你身处哪个阶层，承担多大的责任就有多大的成功。而且，你的勇于承担和默默承受，也能够让你周围的人更加关注你、信赖你，从而给你更多的机会，让你受益。

在工作中，有些人态度不够端正，总觉得自己担任的角色不重要，事情做好做坏意义不大，甚至用自己的职位来决定自己的付出。其实，这样做的结果只能是让自己碌碌无为，因为你不甘愿付出，没有负起你的责任，自然也就不会得到他人的重视。我们身边有不少人，他们的岗位很平凡，但他们却做得很出色，最终让自身的光芒超越了那些自认为比他更好的人。

经过朋友的介绍，退休工人老李到一家家具厂做仓库管理员。库管的工作并不是很累，只是需要细心一点，每天按时关灯、关好门窗、注意防火防盗，等等。老李将这些事情做得非常认真。他每天都清楚地记录来往工作人员的提货信息，并将货物整齐地码放好，虽然没有人要求他打扫卫生，但仓库各个角落每天都被他打扫得很干净。

一转眼，老李在家具厂工作了3年。这期间，仓库里没有发生过任何一次盗窃和失火的事故，而且其他工作人员每次都能够在最短的时间内提取需要的货物。在工厂建厂10周年的庆功会上，厂长按照老员工的级别亲自为老李颁发了5000元的奖金。

见此情形，很多老员工有些不服气，他们抱怨："老李才做了3年啊！怎么能够和我们这些老员工相提并论呢？"

厂长自然也想到了这一点，在颁奖后，他解释道："这3年来，我从来没有检查过厂里的仓库。这并不是说我的工作做得不到位，其实我对仓库的保管情况十分了解。老李是一名普通的仓库管理员，但他工作3年来，没有出过丝毫的差错，而且非常积极地配合其他部门的员工，尽职尽责。他的工龄虽然不长，但他却和老员工一样爱厂如家，所以他拿到这个奖金是理所应当的！"

不必过多解释，从这些故事中你也一定看到了，那些对工作认真负责的人，就是最大的赢家。如果你渴望在工作中受益，从现在开始就丢掉抱怨，负起那些属于你的责任吧！

7. 不要忽视细节中的责任

关注细节的是责任之眼，成就细节的是责任之手。

1967年，苏联“联盟1号”宇宙飞船的宇航员科马洛夫在完成任务的归途中，突然发现自己的降落伞出了故障，无法为飞船减速了。这就意味着，飞船将以飞快的速度和巨大的冲力坠落地面。科马洛夫在生命的最后一刻与家人进行告别，他对自己的女儿说：

“在学习中一定要认真对待每一个小数点，因为‘联盟1号’飞船的坠毁就是因为在起飞前的地面检查中忽略了一个小数点，这就是一个小数点的悲剧！”

一个时常被人忽略、不屑一顾的小数点，毁掉了一个杰出的宇航员和一艘飞船。我们不知道是谁疏忽了那个重要的小数点，但我们却不得不从这件事上有所领悟：如果没有用高于一切的责任心去追求每一个细节的完美，用抱怨和草率的态度对待工作，就势必会产生疏忽，而这疏忽也许就是致命的！

每一个小的工作细节看似不起眼，但若能够将它们做得完美，就能够为整体创造辉煌；那些细微之处的不完美就如同一个不定时炸弹，不知道什么时候就会让整体毁灭。可惜，这个道理不是每一个人都明白的，即便是明白也不一定能够做到。我们总是会听到这样或那样的抱怨声，诸如“不就一点儿小事嘛！至于这么劳神费力吗”、“我觉得这就是小题大做”……这些抱怨声传递出了一个信息：说话者不是一个认真负责的员工。要知道，关注细节的是责任之眼，成就细节的是责任之手。

著名企业家余世维先生因公到泰国出差，下榻世界一流的东方饭店。第一次入住时，他就对这家饭店的环境和服务非常满意。第二次再光临这家饭店时，一些细节的东西更是加深了他对东方饭店的好感。

那天早晨，他刚刚走出房门准备用餐，就听到楼层服务小姐问：“余先生，您要用早餐吗?”余先生很惊愕，他没想到服务员竟然知道自己的姓氏。服务小姐解释道：“我们饭店规定，晚上要背熟每一位客人的姓名。”余先生经常到世界各地出差，入住无数酒店，但这样的情况他却是首次碰到。

余先生乘坐电梯到餐厅，刚刚走出电梯，便听到餐厅服务小姐说：“余先生，里面请!”余先生再次惊愕了。服务小姐又笑着解释说：“上面打过电话，说您已经下楼了。”余先生十分感叹东方饭店的高效率办公。

服务小姐带领余先生进了餐厅，问道：“请问，余先生是否要老位子？”“老位子？我还是去年在这里用过一次餐，难道你们还记得？”服务小姐说：“我查过记录，您去年6月8日在靠近第二个窗口的位子上用过早餐。”余先生很是激动，说：“那就还是老位子吧！”

很快，服务人员为余先生上了一份点心。点心的样子有些特别，余先生好奇地问：“中间这个红红的是什么呢？”服务小姐看了一下，后退一步解释给余先生。“旁边这圈黑色的是什么呢？”余先生又问。那个小姐又上前看了一眼，然后退一步解释那个黑色的东西是什么。余先生看到她两次回答问题时都后退一步，心里很是感叹，她知道服务小姐是为了防止口水溅到菜里。

这一次泰国东方饭店之旅给余先生留下了终生难忘的印象。后来，余先生有5年的时间都没有再去泰国。在他生日那一天，他突然收到一封东方饭店发来的贺卡，里面还附了一封简短的信：“亲爱的余先生，您已经5年没有光顾东方饭店了，我们全体人员非常想念您，希望还能再次见到您。今天是您的生日，祝您生日愉快。”

余先生当时非常感动：如果再去泰国的话，一定还要住在东方饭店。

东方饭店能够成为世界一流的酒店，赢得客人的赞叹和感动，无不是那些完美细节创造的功劳。他们秉承“以客人为上帝”的宗旨，也做到了不仅让客人满意，还带给客人惊喜。如果他们不设身处地为客人着想，如果每一位服务员都抱怨“麻烦”、“啰嗦”、“辛苦”，不能够将“顾客就是上帝”的宗旨当成自己神圣的责任，并圆满地完成它，那么东方饭店也就不是现在的样子了。

一个饭店要赢得客人的青睐和满意，要在细节上下工夫；一个企业想要谋求更好的发展，也必须注重细枝末节。同样，一个人想要在事业上取得成就，也必须注重细节，认真对待一点一滴的小事，不抱怨大材小用，不埋怨事务烦琐。因为任何一个庞大的事物都是由无数个小细节结合起来的，忽视了细节，就可能导致失败。

有人说：“创造辉煌和卓越的并不是天才，而是那些微小的细节；挽救伟大事业的并不是英雄，而是高度的责任心。”没错，只有那些具备强烈责任感的人，才能够造就完美的细节。对于职场上的人而言，关注细节是不容忽视的责任。别以为责任感是多么虚无缥缈的东西，也不要以为你没肩负着神圣的使命就不用谈及责任感，只要你把该做的每件小事做好，那么它体现的就是你的责任感！

8. 勇于负责，才能赢得尊敬

当你付出了责任心，工作自然能给你带来回报。

有人觉得，只有拥有良好的出身、优越的地位才能够得到他人的尊重。其实不然。只要活得有尊严，勇敢地承担起责任，做个有担当的人，就能让个人魅力征服所有人。

曾经，有个士兵骑马给拿破仑送信。虽然他的腿部受了伤，道路的前方有敌人设的重重关卡，但他仍然没有休息，3 天 3 夜滴水未沾，快马加鞭地飞奔到拿破仑的面前。当他完成这一使命的时候，一下子晕倒在地上。而他所骑的那匹马也因为疲劳过度，一命呜呼了。

他醒来后，将信交给了拿破仑，拿破仑又起草了一封信让他转送，并吩咐他骑上自己的马，迅速将信送到。士兵看到那匹装饰得无比华丽的骏马，拒绝了，他说："将军，我只是个士兵，不配骑这匹华丽的骏马。"

拿破仑说："世上没有一样东西是勇敢而负责的法兰西士兵不配享有的。从此，这匹骏马将永远属于你。"拿破仑将自己心爱的坐骑赠予了这名士兵。在众人尊敬的目光下，士兵骑上骏马，上路了。

一个普通的士兵从事送信的差事，可他却尽了自己最大的努力，将自己的本职工作做到了最好，这样的人就是值得人尊重的。在职场中也该如此，不管做什么样的工作，都应当静下心来，脚踏实地地去做。只要你认真地去做了，你的付出和成绩就会被大家看在眼里，你也一定会得到上司的肯定和鼓励，你取得的成绩也能够帮你赢得同事的尊重。反之，如果一个人丧失最基本的职业道德，势必会遭到他人的鄙视和唾弃。如果问什么样的员工最有魅力，可以毫不夸张地说：那些以尊敬、虔诚的心灵对待自己的职业、勇于担当的员工是最具魅力的人！

多年前，上海一家贸易公司的应聘现场聚集了很多人。应聘者中不乏一些学历高、经验丰富的人，他们的举止言谈间都洋溢着自信。然而，谁也没想到，公司的经理把一个默不作声的年轻人叫到眼前，把一个待遇不错的职位给了他。对此，很多人不理解，经理解释说："当其他人都在争先恐后地显示自己的时候，只有他把别人碰掉的公司铭牌捡了起来，并放在桌子上。"

进入公司工作后，这个年轻人依然是少言寡语，但他却在自己的岗位上付出了很大的心血，而且他经手的事情从来没有出现过差错。后来，这个公司因为经营不善，很多员工都离开了，而他却坚持留了下来。经理问他："你为什么不走呢？"他平静地说道："经营不好的公司也需要人干活啊！”虽然薪水已经远不及当初，但他做起事来依然像从前那样认真，一丝不苟。

公司终于支撑不住了，最后，经理看着年轻人递给他的这些年的记录和账目，拍着他的肩膀说：“你是个值得托付大事的人！”后来，当年的经理因为财物纠纷而身陷囹圄时，临行前，他把所有的地契、房产及股权证明统统托付给了这个年轻人代为保管。

一晃，几十年过去了，当年的经理已近耄耋之年。一天，有一位少年来拜访，少年说：“家父过世，生前让我务必将此转送先生。如先生不在也定要交付先生后人。”经理打开布包之后，发现里面是当年的房产、地契、股权证明。

看到这里我们就会发现，这是很普通的责任心的问题。可是，在现实工作中，又有几个人能够保持这样一份责任心，而且是几十年呢？这不是件容易的事。越是难得，越显珍贵。在商业社会中，人们也越来越欣赏那些敢于承担责任，并能够承担责任的人。这样的人给人一种值得信赖的感觉，也只有这样的人才具备开拓精神，能为企业创造效益。

因此，我们在工作中应当保持一种负责的精神，用负责的态度去对待每一件小事，这样才能够赢得他人的尊重，为自己赢得尊严。而且，当你付出了这份责任心之后，工作自然会给你带来回报，回报给你自信，回报给你人格魅力和自尊。像对生命负责一样对工作负责吧，你一定会有巨大的收获！